Xudoyorov Lochinbek

MUDANÇA GRADUAL DA POPULAÇÃO DAS CIDADES NO UZBEQUISTÃO

Xudoyorov Lochinbek

MUDANÇA GRADUAL DA POPULAÇÃO DAS CIDADES NO UZBEQUISTÃO

A independência do Uzbequistão e a transição da sua economia para as relações de mercado

ScienciaScripts

Imprint

Any brand names and product names mentioned in this book are subject to trademark, brand or patent protection and are trademarks or registered trademarks of their respective holders. The use of brand names, product names, common names, trade names, product descriptions etc. even without a particular marking in this work is in no way to be construed to mean that such names may be regarded as unrestricted in respect of trademark and brand protection legislation and could thus be used by anyone.

Cover image: www.ingimage.com

This book is a translation from the original published under ISBN 978-620-7-65266-2.

Publisher:
Sciencia Scripts
is a trademark of
Dodo Books Indian Ocean Ltd. and OmniScriptum S.R.L publishing group

120 High Road, East Finchley, London, N2 9ED, United Kingdom
Str. Armeneasca 28/1, office 1, Chisinau MD-2012, Republic of Moldova, Europe
Printed at: see last page
ISBN: 978-620-7-97965-3

ÍNDICE DE CONTEÚDOS

INTRODUÇÃO

Relevância do tema de investigação. As cidades são de grande importância nas condições da independência do Uzbequistão e da transição da sua economia para as relações de mercado. Após a independência do nosso país, foi dada grande atenção ao desenvolvimento de várias regiões e cidades. Estão a ser realizadas reformas em grande escala em todas as esferas da vida social. Neste sistema de factores, o papel dos factores naturais é grande, porque as condições naturais em que a cidade está localizada desempenham um papel importante na criação e desenvolvimento da cidade.

Em 10 de janeiro de 2019, o presidente Shavkat Miromonovich Mirziyoev tomou uma decisão "Sobre medidas para melhorar fundamentalmente os processos de urbanização" e, para garantir a implementação da decisão, foi criada a Agência de Urbanização, cujo objetivo é garantir o bem-estar dos moradores das grandes cidades e expandir o uso de recursos econômicos e industriais. O seu objetivo é criar condições para a livre circulação de pessoas das zonas rurais para as cidades, ajudando a garantir um emprego pleno e eficaz, aumentando o nível de urbanização da população para 60% até 2030 e melhorando o estilo de vida dos residentes urbanos e a imagem das cidades, bem como melhorando o sistema de regulação administrativa dos processos de migração.

Com base no resultado do registo da população planeado pelo Comité Estatal de Estatística da República do Usbequistão e na metodologia de cálculo do nível de urbanização de acordo com os requisitos internacionais, para garantir a melhoria da contabilidade e dos relatórios estatísticos da população urbana, bem como o facto de 36% da população da nossa república viver em cidades e aumentar esta situação para 60% até 2030, foi interrompido.

O nível de estudo do tema. Os cientistas estrangeiros George W. Barclay (1958), Samuel H. Preston (2001), Donald T. Rowland (2003), Jacob S. Siegel e

David A. Swanson (2004), Ralph Thomlinson escreveram obras sobre o crescimento demográfico e a colonização. O crescimento populacional e o povoamento são temas abordados nos trabalhos de Jay Weinstein (2001) e outros. Neste sentido, vários geógrafos económicos e demógrafos deram contributos significativos, mesmo durante a antiga União Soviética. Entre eles, V.V. Pokshishevsky, S.A. Kovalev, B.S. Khorev, B.Ts. Urlanis, N.V. Alisov, A.I. Alekseev, S.G. Smidovich, V.Sh. Djaoshvili. Cientistas como A.G. Vishnevsky, B.G. Davidovich criaram os fundamentos teóricos e metodológicos do povoamento.

Na década de 70 do século passado, o Prof. Sob a direção direta de M. Q. Karakhanov, os problemas dos povos da Ásia Central e do Uzbequistão foram estudados em profundidade. Participaram O.B. Ata-Mirzaev, E.A. Akhmedov, T.I. Raimov, S. Zokirov, N.M. Mamatkulov, Z.H. Rayimjonov, A.S. Soliev, A.A. Qayumov, Z.T.Abdalova, S.Q.Tashtaeva, M.M.Egamberdieva e outros especialistas.

O objetivo da investigação é identificar problemas com base no estudo e na análise da composição histórica e demográfica da população urbana do Uzbequistão.

Tarefas de investigação. Para atingir o objetivo estabelecido, são definidas as seguintes tarefas:

- Análise dos processos demográficos nas cidades do Uzbequistão através do estudo aprofundado de dados e fontes estatísticas;

- Análise e estudo da composição demográfica das cidades do Uzbequistão;

- Estudar os problemas sociais da população da cidade e eliminá-los;

- Avaliação do impacto das infra-estruturas sociais da cidade no estilo de vida da população;

- Determinar o nível de vida e o estilo de vida da população através da realização de um inquérito social;

- Desenvolvimento de uma previsão do crescimento da população urbana.

Objeto e tema da investigação. O objeto da dissertação é o estudo dos processos relacionados com o tema da população urbana do Uzbequistão e a sua dinâmica.

Métodos de investigação. Foram utilizados métodos estatísticos, observacionais, matemáticos, históricos, de comparação geográfica e de extrapolação no estudo do tema da investigação, bem como um questionário social.

Estrutura da dissertação. A dissertação inclui uma introdução, três capítulos, uma conclusão e uma lista de referências. O seu volume total é de 86 páginas, das quais a parte de texto direto tem 82 páginas. O trabalho contém mais de 20 desenhos e tabelas em 2 fichas; a lista da bibliografia utilizada é constituída por 73 fontes.

CAPÍTULO I. O PAPEL DAS CIDADES NO DESENVOLVIMENTO SOCIOECONÓMICO DO UZBEQUISTÃO

I.1. Formação histórica das cidades e compreensão da cidade

Embora as cidades antigas tenham sido fundadas há 3-4 mil anos, começaram a desenvolver-se de forma diferente em todos os períodos. O planeamento urbano foi dividido em várias fases históricas, que são únicas.

Etapa 1. A história da cidade remonta a um passado longínquo. No entanto, esta história é mais curta do que a história da humanidade, e este período corresponde à história da sociedade. Em geral, o surgimento das cidades está relacionado com a divisão social do trabalho. A distribuição do bem-estar social na maioria das cidades é a separação da agricultura da pecuária. Naturalmente, este processo aplica-se aos locais onde a agricultura está mais desenvolvida. O surgimento da agricultura, especialmente da agricultura irrigada, levou ao estabelecimento de assentamentos populacionais estáveis e permanentes (estacionários).

A fase seguinte da divisão urbana e social do trabalho surge como resultado da separação do artesanato e do comércio da agricultura. As pessoas desta profissão não se dedicam diretamente à agricultura e, por isso, viviam em povoações situadas em locais convenientes, onde actuavam como mediadores na produção de vários instrumentos de trabalho e na troca de mercadorias (troca). Mais tarde, esses locais foram designados por "cidade". O aparecimento das cidades está sobretudo associado à civilização ribeirinha. São os afluentes dos maiores rios: Tigre, Eufrates, Nilo, Ind (Hind), Huanghe. Em países como o antigo Egito, Mesopotâmia, Índia, China, Grécia e Roma, corresponde aos 4-3 milénios anteriores. A maioria das cidades eram residências, povoações, entre as quais Ur, Uruk, Kish, Babilónia, Harappa, Nínive, Mênfis, Fifa, Akhetaton eram consideradas as cidades mais antigas. O aparecimento e desenvolvimento das cidades está relacionado com a natureza do Egito e do rio Nilo. As cidades surgiram principalmente nos oásis alongados e estreitos de ambas as margens. Uma das primeiras cidades do Egito foi Nahab (Al-Ka'b), que remonta ao Primeiro Reino Antigo.

Fase 2. Na Idade Média, a estrutura das cidades era complexa, e as cidades foram estabelecidas principalmente nas terras dos senhores feudais. Cada uma delas é rodeada por uma muralha separada. Muitas cidades antigas foram restauradas durante este período. No feudalismo, o desenvolvimento das cidades estava ligado ao artesanato e à agricultura, bem como à utilização dos solos. O aparecimento e o crescimento das cidades processaram-se de formas diferentes nos vários países. Início da Itália e sul de França: Veneza, Florença, Marselha e Toulouse começaram a surgir no início do século. A localização destas cidades na rota do comércio marítimo desempenha um papel importante no seu desenvolvimento. Nos séculos X-XII, começaram a surgir novas cidades no Norte de França, nos Países Baixos, em Inglaterra e na Alemanha; nos séculos XII-XIII, na Hungria, nas terras bálticas e na Rússia. A principal razão para o aparecimento de cidades europeias em séculos diferentes foi a diferença no desenvolvimento socioeconómico. Durante este período, os complexos de edifícios primários desempenharam um papel importante na criação das cidades. Podem distinguir-se dois métodos na formação das cidades, dependendo do local onde a povoação se expandiu em relação a esses complexos de edifícios de base. De acordo com o primeiro método, o complexo de edifícios de base nunca perderá a sua importância. A população instala-se em torno do complexo. A cidade de Mont Saint-Michel, em França, foi construída em torno de uma abadia (mosteiro) no topo de uma montanha. De acordo com o segundo método, o conjunto edificado de base perde a sua importância ao longo do tempo. A população instala-se perto dele, a alguma distância. A cidade de Nowa Wies, na Polónia, foi fundada perto da residência de um senhor feudal, situada numa colina. As cidades formaram-se em locais onde, em primeiro lugar, havia segurança, era fácil defender-se dos ataques inimigos e os artesãos tinham a oportunidade de vender os seus produtos. Neste período, as cidades diferiam das aldeias com uma grande população, e no centro das cidades havia uma praça de mercado e os templos situavam-se junto a ela.

A maior parte das casas das cidades são feitas de madeira e estão ligadas umas às outras. À noite, as ruas não são iluminadas e não há canalizações de água. Etapa 3. Nos países do Próximo e Médio Oriente, durante este período, as cidades eram diversas em função de factores económicos, políticos, culturais e outros. É um pouco difícil demonstrar que os seus pontos comuns são insuficientemente estudados. Durante estes períodos, novas cidades foram ligadas a cidades antigas, e a área das cidades expandiu-se. Algumas das novas cidades estão rodeadas por uma muralha separada, como toda a cidade. Durante este período, foram construídos edifícios magníficos, palácios de caravanas, locais de comércio, bazares e mesquitas no interior das cidades. Neste local, as novas ideias de Itália reflectiram-se nos projectos da "cidade ideal" (cidade ideal). Não se trata de uma cidade que não se pretende construir, mas de um conceito de cidade. Os edifícios deviam ser construídos depois de a cidade ter sido basicamente planeada. As cidades eram abordadas de diferentes pontos de vista: económico, higiénico, defensivo e estético. Por exemplo, no título da "cidade ideal" de Martin há uma imagem de um corpo humano. E Cataneo retratou um homem deitado na parede da "cidade ideal". Estas são visões dedutivas da antropoforma: partindo da grande forma humana para os pequenos elementos da cidade. Noutra visão, indutiva: mostra-se a passagem das dimensões reais de uma pessoa para as dimensões de uma cidade. Neste período, existem dois períodos de teoria do planeamento urbano, o primeiro período corresponde ao século XV e a segunda metade ao início do século XVI. Foram realizados estudos sobre as condições óptimas, naturais e higiénicas da cidade (Alberti, Filareti, Leonardo da Vinci). Vazari, Skomatstsi). Foram construídas cidades como Delhi, Agra, Fatehpur-Sikri e Lahore, de grande importância na Índia.   Passo 4. Na primeira metade dos séculos XVIII e

XIX, os acontecimentos da urbanização mundial foram diferentes e desiguais nas diversas regiões. Durante este século e meio, a tecnologia e a produção começaram a desenvolver-se rapidamente na Europa, na América do Norte e na Rússia. Os avanços da tecnologia, a utilização de novos materiais na produção, acabaram por conduzir a economia a uma fase conhecida como Revolução Industrial. Nos países europeus, como resultado do envolvimento da população rural na produção, as várias construções (edifícios e estruturas) nas cidades tornaram-se mais densas. Como resultado, a população da cidade aumentou e o seu território expandiu-se. Durante este período, foram desenvolvidos projectos de habitação modelo para a construção de cidades e surgiram casas luxuosas ao longo das ruas das cidades.

A situação económica e política dos países de Leste tinha particularidades que os diferenciavam dos europeus. Embora as estruturas das cidades antigas não tenham sofrido alterações drásticas, surgiram novas partes junto a elas. Durante este período, o desenvolvimento das cidades e a construção de luxuosos complexos arquitectónicos eram caraterísticos dos países da Inglaterra, França e Áustria. A composição das cidades era comum, e a maior parte delas tinha uma sala de tambores, uma sala de freios, uma arzkhana (para recepções oficiais), uma casa da moeda (para cunhar moedas), uma mesquita, edifícios e áreas para exercícios dos soldados. A aparência das cidades é moldada pela arquitetura dos vários edifícios que as compõem. No centro da cidade, as casas são geralmente densamente povoadas, os pátios são estreitos e, por vezes, chegam ao bujid. As primeiras cidades não tradicionais que surgiram na América do Norte diferiam das da Europa em termos da sua função principal. As cidades europeias surgiram principalmente como centros de artesanato e manufatura. Neste continente, as cidades surgiram como centros mais agrícolas e comerciais. Embora o planeamento urbano americano seja artisticamente vazio, foi criado um número surpreendente de cidades num curto período de tempo.

Etapa 5. O planeamento urbano, que surgiu no século XIX e na segunda metade do século XX, está indissociavelmente ligado a períodos anteriores. As cidades construídas em Budavr desenvolveram-se em consequência do desenvolvimento da indústria e da construção de caminhos-de-ferro. O que é caraterístico deste período é a ascensão da civilização a um nível superior. A construção de caminhos-de-ferro é o lançamento das metrópoles. Os caminhos-de-ferro, em particular, desempenharam um papel importante na resolução do problema do transporte entre cidades, porque até essa altura utilizavam-se sobretudo cavalos, o que atrasou a construção das cidades. No século XIX, desenvolveu-se o desurbanismo, relacionado com a ideia de cidade, que se opunha à construção aleatória das cidades. Mudanças radicais na indústria levaram ao rápido crescimento das cidades. No início do século XX, foram introduzidas alterações na estrutura de muitas cidades. Para desenvolver as cidades, muitos cientistas escreveram livros e trabalharam sobre elas, que foram implementadas com base nos projectos desenvolvidos pelos engenheiros. Por exemplo, só na Califórnia, em 1887, foram construídas 40 novas cidades muito parecidas umas com as outras. A maioria das cidades foi construída juntamente com os caminhos-de-ferro. No local onde o caminho de ferro chegava, a cidade era imediatamente construída de acordo com um plano previamente preparado. Estas "cidades ferroviárias" geralmente não dependiam da agricultura circundante. Foi dada mais atenção à aparência e modificação das cidades e, como resultado, foram criadas novas cidades de novas formas. O território das cidades antigas começou a expandir-se. Na Rússia, em 1863, foi promulgada a lei "Sobre o processo de designação de aldeias como cidades", mas a servidão (emprego de camponeses) impediu a sua aplicação. Nas cidades, surgiram novos tipos de edifícios, bancos, hotéis, fábricas, universidades e cinematógrafos, pavimentando as ruas com pedra e dotando-as de luz eléctrica. Os primeiros carros apareceram nas ruas e os aviões no céu começaram a mover-se rapidamente.

Conceito de cidade: As cidades são um conceito complexo e têm sido interpretadas de forma diferente por diferentes disciplinas. Para a economia, a cidade é sobretudo um centro de produção e de indústria, para a sociologia é um habitat único, para o historiador um lugar que testemunha o passado. Na geografia económica, a cidade é uma forma de organização territorial dos sectores não agrícolas e da população que os ocupa. As cidades constituem um grande centro populacional, principalmente dedicado à indústria, ao comércio, mas também aos serviços, à administração, à ciência e à cultura. A cidade é também um centro de população que não se dedica diretamente à agricultura. A população total do mundo divide-se em dois tipos: urbana (cidades e vilas) e rural (aldeias e vilarejos). Estas diferem umas das outras em função de um certo número de caraterísticas: o número e a densidade da população, o emprego da população na economia, a construção de edifícios, casas, vias de transporte e a função que desempenham. As cidades eram designadas por diferentes nomes em diferentes países: kubba, madinat, polis, bolig', bazar, town, grad, pur, burg, vill e hokazolar. Nos países islâmicos, as cidades (cúpulas) são definidas principalmente pelo número de mercados e mesquitas.

"Shahar" é uma palavra persa-tajique que significa "fortaleza" (em russo "gorod-gorodit, ou seja, cercar"). Na antiguidade, a parte central das cidades era geralmente rodeada por muralhas defensivas, onde se encontravam palácios, fortalezas dos governantes e das suas famílias, importantes edifícios administrativos e religiosos, a praça principal (registan) e, nalgumas delas, casas de residentes comuns, denominadas "shahristan". A entrada fazia-se através dos portões. À sua volta, existem outras partes rodeadas de muralhas chamadas "rabad", onde se situavam os jardins, os campos e, mais tarde, as casas dos habitantes comuns. As cidades são o nosso passado, o nosso poder e o nosso presente.

As cidades são muito complexas e desempenham muitas funções. Do ponto de vista político, cada país é forte, com a sua própria rede de cidades e capitais. As cidades desempenham um papel importante na vida política do país e da comunidade mundial. O poder das cidades é determinado pelo seu potencial económico incorporado. As cidades, antes de mais, como forma de organização territorial dos sectores não agrícolas, corporizam áreas economicamente eficientes e de elevado rendimento. Caracteriza-se a composição da economia nacional de cada país, o seu nível de desenvolvimento, o seu lugar na divisão internacional do trabalho e o sistema de cidades nele existente. A cidade não é apenas um centro administrativo e cultural para os distritos circundantes, mas também um fator importante que influencia o seu povoamento e crescimento. O número de habitantes, a função que desempenham: produção industrial, economia organizacional, cultural, política, administrativa, etc. A transferência de zonas residenciais para a categoria de cidade é efectuada de acordo com um determinado procedimento legal. Os critérios para a obtenção do estatuto de cidade são diferentes nos vários países, por exemplo: na Dinamarca e em Espanha, as povoações com uma população de 200 pessoas, 250 nos EUA, 5 mil na Geórgia e no Turquemenistão, 10 mil no Tajiquistão e no Quirguizistão, 12 mil na Rússia, 25 mil no Japão e 30 mil na China são designadas por cidades. Nos estudos das Nações Unidas, é aceite considerar as povoações com uma população não inferior a 20 mil habitantes a nível internacional e inferior a 5 mil a nível nacional.

Nos países ocidentais, as cidades são divididas por critérios semelhantes à dimensão e densidade populacionais, à arquitetura espacial e à forma dos edifícios, bem como à função de uma povoação. No Uzbequistão, desde 1972, para que uma povoação receba o estatuto de cidade, é necessário que tenha pelo menos 7.000 habitantes e que a maioria deles esteja empregada em domínios não relacionados com a agricultura. Em geografia económica, as cidades são formas de organização territorial de sectores não agrícolas e da população neles envolvida; trata-se de um sistema socioeconómico dinâmico (sistema). Assim, numa perspetiva tão tradicional, as cidades estão na base da definição económica do país e do território. A descrição do país pode ser iniciada a partir das suas cidades, se a vida social das cidades e a sua estrutura socioeconómica forem derivadas da forma territorial clara e política.   Como resultado, baseando-se principalmente em fontes históricas, explica-se porque é que a cidade ou cidades estudadas foram criadas neste local específico, nesta fase específica do passado.

Atualmente, as zonas rurais do nosso país, do interior, até o centro do distrito - uma pequena cidade - lhes parece grande e enorme. Por exemplo, aos olhos dos habitantes dos distritos de Qamashi ou Chirakchi de Kashkadarya, a cidade é, acima de tudo, Qamashi e Chirakchi; para eles, Karshi, Samarkand e Tashkent são finalmente grandes cidades. Por conseguinte, é artificial avaliar as cidades de forma diferente de um ponto de vista quantitativo. No entanto, este ponto de vista corresponde geralmente apenas aos padrões quotidianos populares, vitais e tradicionais. Na investigação científica, é necessário seguir determinadas normas oficialmente aceites não só para cada objeto de proibição, mas também a nível do país. Isto também é útil no estudo geográfico comparativo de cidades em diferentes regiões e países. A origem das cidades e os resultados da sua classificação devem ser descritos através de quadros estatísticos, diagramas, gráficos e mapas especiais. Ao mesmo tempo, esta situação reflecte a natureza territorial da economia do país ou da região. Para além dos níveis quantitativos das cidades, estas não são semelhantes entre si em termos de indicadores de qualidade e de tarefas (funções) desempenhadas.

É sabido que muitas cidades funcionam como centros administrativos de vários estatutos. Entre elas, a maioria são centros distritais, menos são centros regionais e apenas uma desempenha a função político-administrativa do país, ou seja, a capital. Do ponto de vista económico, muitas cidades são centros industriais e de transportes, e algumas são centros recreativos. Para determinar a especialização das tarefas das cidades, analisa-se a estrutura da população empregada. Mesmo assim, a especialização de tarefas, função das cidades é determinar o seu tamanho ou pequenez. No estudo das cidades, deve ser dada especial atenção à sua localização económico-geográfica, à organização social e territorial da produção. Estes indicadores económicos são determinados através de métodos e cálculos estatísticos, os indicadores das cidades são comparados com a situação média de outras cidades e países. Sabe-se que no período de transição para as actuais relações de mercado, a construção de grandes empresas com um elevado grau de integração da produção não é óptima em muitos aspectos.

Por esta razão, nas condições actuais, o aparecimento de cidades baseadas na localização da indústria e o seu rápido desenvolvimento é uma situação relativamente rara. As grandes empresas comuns, as cidades de Asaka e Qarovulbazar em construção estão excluídas desta situação. Ao mesmo tempo, o problema das pequenas cidades, que existe desde tempos imemoriais, tem hoje um significado diferente. A única possibilidade positiva destas cidades é a sua proximidade das zonas rurais, onde existem muitos recursos de mão de obra. No entanto, as pequenas cidades são financeiramente fracas, difíceis de gerir por si próprias e necessitam de apoio governamental. Nestas condições, os investidores estrangeiros preferem os ambientes das grandes cidades, e as oportunidades de criar empresas comuns e pequenas empresas são também mais amplas nessas cidades. Por conseguinte, nas condições actuais, as pequenas empresas estão a ser criadas mais nas grandes cidades, e nas pequenas cidades, se lhes for dado apoio material e financeiro, estão também a ser construídas grandes empresas industriais. Mas nem todas as cidades podem ser desenvolvidas desta forma; não falta tempo nem investimento de capital. Por conseguinte, apenas algumas pequenas cidades são selecionadas e desenvolvidas como pólos e centros de crescimento. A seleção dessas cidades é feita com base na análise e avaliação de vários factores (localização geográfica económica, condições ecológicas dos recursos alimentares e de matérias-primas, transportes e outras infra-estruturas, função, dimensão, etc.). As estradas urbanas e de transporte estão intimamente relacionadas: uma não existe sem a outra, as estradas vêm para as cidades, as estradas deixam as cidades. As cidades e as estradas são consideradas a base económica do país. Além disso, são estudadas questões como as funções sociais das cidades, o sistema científico e educativo, a cultura, as áreas de serviço público, a situação ecológica e o crescimento demográfico. Neste local, vale a pena destacar as capitais. Porque a posição de qualquer país na comunidade mundial, a vida política das relações internacionais e diplomáticas está sobretudo relacionada com a sua capital. Por outras palavras, quando uma palavra oficial é proferida sobre problemas universais e universais, é geralmente proferida em nome da capital dos países. Por conseguinte, as responsabilidades das capitais são extremamente limitadas: por um lado, cumprem a tarefa de organizar e gerir o país do ponto de vista territorial e político e, por outro lado, esses centros devem levar o Estado ao nível mundial.

É neste sentido que qualquer país confia o seu destino à sua capital. Com a conquista da independência política da República do Uzbequistão, a sua capital, Tashkent, tornou-se um objeto da estrutura geopolítica mundial. Anteriormente, Tashkent permanecia na sombra de Moscovo, a capital da antiga União, mas agora tem relações diretas com todos os países do mundo. Por conseguinte, é legítimo prestar especial atenção ao desenvolvimento das capitais.

A razão é que aqueles que vêm ao nosso país, em primeiro lugar, olham para a sua capital. Deste ponto de vista, Azim, o líder das cidades do nosso país, o chefe da caravana e o rei das cidades, está feliz pelo facto de a cidade de Tashkent ter mudado de aspeto em pouco tempo com a honra da independência. Para além da capital, é importante estudar os centros regionais, as grandes cidades industriais e as cidades antigas (porque qualquer capital é forte com os países que a rodeiam). Neste ponto, é necessário distinguir entre a geografia das cidades e a cidade. Na primeira, estuda-se a rede, a composição e o sistema de cidades do país ou das regiões, enquanto na segunda, uma cidade separada é apresentada sob a forma de um objeto de estudo.

O desenvolvimento das cidades é estudado em conjunto com o processo de urbanização. Mas é necessário avaliar este fenómeno universal com base na história do país, nas tradições, na estrutura dos ramos de produção, na especialização e nas formas de organização territorial.

Para isso, é necessário ver essas cidades o mais diretamente possível. Não basta viver num hotel no centro da cidade. Para isso, é necessário observar ao vivo os vários aspectos da cidade, conhecer diretamente os seus arredores e, com base nisso, criar uma ideia sobre o seu âmbito territorial e diferenças internas. Atualmente, não é adequado considerar apenas a própria cidade separadamente, assumindo-a como um sistema fechado.   Isto não é logicamente correto. Porque qualquer cidade não existe e não se desenvolve sem a sua envolvente, as zonas rurais, completamente separadas. As cidades, tal como a topografia das montanhas, reflectem picos específicos no mapa económico, e estes pontos são claramente visíveis apenas no ambiente, dentro de uma determinada área. Com base nesta existência objetiva, estuda-se a geografia das cidades ou vilas, a sua criação, o seu presente e o seu futuro em conjunto com as zonas circundantes.

A cidade de Tashkent e os seus habitantes: Tashkent chamava-se Choch, Shosh nos tempos antigos, e o desenvolvimento do planeamento urbano remonta à antiguidade. Budavrda era um ponto importante nas rotas comerciais internacionais, uma fortaleza na fronteira das zonas agrícolas e pastoris, e uma grande cidade comercial, ocupando uma vasta área, ligada às terras e povoações circundantes. Além disso, mais de 50 fortificações, castelos e cidades, registados pelos arqueólogos no seu território atual, influenciaram a formação da cidade. Está relacionada com Choshtepa, nas margens do ribeiro Jon, que tomou a forma das antigas cidades de Tashkent. No início da Idade Média, Tashkent estava localizada em Mingo'rik (Afrosiab), que se tornou a capital. Mingorik era considerada uma das maiores cidades da Ásia Central e era composta por uma diz (fortaleza), shahristan (cidade interior) e rabad (cidade exterior). À sua volta, surgiram muitas aldeias, vilas e cidades. No século XV, as muralhas da fortaleza da cidade de Tashkent foram reparadas. Foram construídos edifícios dentro e à volta da cidade, surgindo complexos arquitectónicos. Com base nos edifícios deste século, serão construídos os complexos de Hazrat Imam, Chorsu, Shaikhontakhur, Zayniddin Buva e Zangi Ota, que proporcionam a integridade funcional e composicional-artística das cidades. Não existem informações específicas sobre a população de Tashkent. Algumas informações exactas sobre a população da cidade remontam ao final do século XVIII (mais de 40 000 pessoas viviam em Tashkent). Na década de 50 do século XIX, 50 mil pessoas viviam em 11 mil casas em Tashkent. Após a conquista de Tashkent pela Rússia czarista, foi feita uma tentativa de determinar a população da cidade. A cidade é constituída por quatro novas cidades: Beshyogoch, Kokcha, Sebzor e Shaikhontohur. Em 1869, viviam aqui 73.800 pessoas e, em 1886, 90.100. Os distritos de Kokcha e Shoykhontohur são considerados densamente povoados, mas a população da nova cidade aumentou rapidamente. Durante os anos 1869-1902, enquanto a população de Tashkent duplicou, a população da nova cidade aumentou 10 vezes, a população de Sebor 2,2 vezes e a população de Beshyogoch 2,1 vezes. Em 1868, foi criado um departamento de registo da população. De acordo com as informações deste departamento, no final de 1888, viviam na cidade 130 mil pessoas.

Na informação, foram também fornecidos alguns indicadores sobre a estrutura da população e a sua localização na cidade. A composição social da população era formada por funcionários públicos, funcionários locais, militares, nobres, comerciantes, padres, moradores a serviço da cidade, agricultores, artesãos, um pequeno número de intelectuais, além de artesãos e artífices, bem como a população das vilas. De acordo com o recenseamento da população efectuado em 1897, a composição sociopolítica da população da cidade era a seguinte: trabalhadores industriais e artesãos - 29,5%, comerciantes - 17,8%, militares -

15,8%, trabalhadores dos transportes e comunicações - 23%, reformados - 2,0%, trabalhadores das ciências, artes, saúde e educação pública - 1,2% e outros. De acordo com o recenseamento de 1897, viviam na cidade 156,4 mil pessoas, das quais 88,4 mil eram homens e 68 mil eram mulheres. Durante este período, o crescimento da população de Tashkent deveu-se à migração. Nessa altura, a nova parte da cidade de Tashkent começou a ser construída e a população de língua russa foi transferida para aqui. Em tempos, foram construídas 16 aldeias russas em redor da cidade, em forma de anel. A cidade antiga era constituída pelos distritos de Beshyogoch, Kokcha, Sebzor e Shaikhontohur. De acordo com os dados, em 1897, o número de estrangeiros em Tashkent era de 26,2 mil pessoas, ou seja, 17,0% da população da cidade. Em diferentes fases do desenvolvimento socioeconómico, a taxa de crescimento da população alterou-se de acordo com os acontecimentos ocorridos num determinado período. Em particular, no início do século XX, observou-se um rápido crescimento populacional, com uma média anual de crescimento da população próxima dos 5,0%. A transferência da capital do país de Samarkand para Tashkent também coincide com este período. Foi durante este período que a população da cidade ultrapassou o limiar das 500.000 pessoas. A análise da dinâmica de 100 anos da população de Tashkent mostra que foram necessários 27 anos para a primeira vez e 27 anos para a segunda vez, nomeadamente, em 1960, a população de Tashkent atingiu 1 milhão e, passados tantos anos, atingiu 2 milhões. O terramoto que ocorreu em Tashkent em 1966 causou novos danos à cidade. Várias centenas de milhares de construtores de repúblicas e cidades participaram na reconstrução de Tashkent. A imagem da cidade mudou Durante 1960-1970, a área da capital aumentou 2,5 vezes e o crescimento absoluto da população foi de 1384,5 mil pessoas, ou seja, o crescimento médio anual foi igual a 3,3%. Em 1970 foi de 3,25%, em 1975 de 2,9%, em 1980 de 2,45% e em 1990 de 1,35%. A população de Tashkent está a crescer lentamente, mesmo em alguns anos foi observado que o seu número diminuiu. Em 1989, a população da cidade era de 2102,1 mil pessoas, e em 1991, o aumento absoluto da população foi de 55 mil pessoas. Uma análise comparativa da composição idade-sexo da população da República do Uzbequistão e de Tashkent mostra que a taxa de natalidade na capital é muito inferior à média nacional e, pelo contrário, a taxa de mortalidade é elevada. Em particular, as crianças e os adolescentes (0-16 anos) representam 37,4% da população total da República, enquanto este indicador é igual a 27,4% em Tashkent. O peso dos idosos (mulheres com mais de 55 anos e homens com mais de 60 anos) era de 7,0 e 11,7% na República e nas cidades, respetivamente. O maior número de grupos etários corresponde aos jovens entre os 10 e os 19 anos na República (24,3% da população total) e aos jovens entre os 15 e os 24 anos em Tashkent (34,3%). Este é o principal fator que influenciou a diversidade da composição nacional da população de Tashkent. Em 1910, a população total da cidade aumentou 3,2 vezes, a dos uzbeques 2,4 vezes, a dos tártaros 3,0 vezes, a dos judeus 15,3 vezes e a dos russos 22,6 vezes. Nos anos seguintes, a percentagem de grupos étnicos locais, principalmente uzbeques, na população diminuiu. Se em 1920 esta percentagem era de 65,6%, em 1959 tinha descido para 34,8%. Pelo contrário, durante esse período, a percentagem de russos aumentou de 23,6% para 42,5%. Os resultados do recenseamento da população de 1970-1979 indicam que, se analisarmos a dinâmica de crescimento do número de russos que vivem no Uzbequistão, esta corresponde às taxas de crescimento mais elevadas. Durante este período, o crescimento médio anual foi de cerca de 3,5 por cento.

Por exemplo, em 2005, a taxa de natalidade entre os russos que viviam em Tashkent era de 3256, enquanto esta taxa era de 195 e 518, respetivamente. Enquanto a percentagem de uzbeques na população total era de 80% no Uzbequistão, esta taxa era igual a 61,1% em Tashkent. As unidades administrativo-territoriais de Tashkent diferem umas das outras em termos de população total, crescimento natural, estrutura nacional e migração. Em especial, observam-se taxas de crescimento elevadas nos distritos de Almazor (1,54%) e Shoykhontohur (1,48%), onde os representantes da nacionalidade local constituem a maioria, enquanto os indicadores mais baixos se aplicam aos distritos de Yashnabad (0,6%) e Yakkasaroy (0,5%), onde os representantes da nacionalidade local são uma minoria.

I.2. Cidades e processos demográficos.

Existem milhares de cidades na Terra e não há duas iguais. As cidades foram criadas com base em vários factores e especializaram-se para desempenhar tarefas específicas. Se o surgimento das cidades num passado longínquo foi influenciado pela divisão social do trabalho, os seus tipos funcionais são o resultado da divisão territorial do trabalho. A diversidade das cidades em função das suas funções determina simultaneamente a sua dimensão e o seu tamanho, o que constitui uma das leis importantes da geografia das cidades. A sua função não está organizada em função da dimensão das cidades; pelo contrário, a função e a orientação económica das cidades são expressas sobretudo pela sua dimensão. As cidades dividem-se em três categorias consoante a sua dimensão: grandes, médias e pequenas. No entanto, estes conceitos são relativos do ponto de vista histórico-geográfico.

Por exemplo, uma cidade que em tempos foi considerada uma grande cidade não o é obviamente hoje em dia. Ao mesmo tempo, os indicadores quantitativos que determinam a dimensão das cidades nem sempre são os mesmos em todos os países. Naturalmente, para os habitantes de aldeias remotas, o centro do distrito é também uma grande cidade. No entanto, em comparação com o nível do país e da sua capital, mesmo alguns centros regionais parecem bastante pequenos. É de notar que é necessário um critério comum para a realização de investigação científica, ou seja, a categoria de dimensão das cidades deve ser a mesma para todos, independentemente das opiniões subjectivas e locais. Deste ponto de vista, as cidades grandes ou grandes devem ter uma população de mais de 100.000 pessoas, as cidades médias devem ter uma população de 50-100.000, e cada uma das cidades pequenas deve ter uma população de pelo menos 50.000 pessoas.

Esta classificação é simples e aplicável a todos. Em estudos científicos especiais, a classificação das cidades é dividida em tipos mais alargados:

- até 10 mil - pequenas cidades;

- 10-20 mil - pequenas cidades;

- 20-50 mil - "médio e semi-urbano";

- 50-100 mil - uma cidade de média dimensão;

- 100-250 mil - uma grande cidade;

- 250-500 mil - uma grande cidade;

- 500-1000 mil - a maior cidade;

- 1000 mil e mais - cidade milionária;

- 5000 mil e mais - super cidade;

- 8000 mil e mais - megapolis city;

Estes indicadores quantitativos das cidades não acontecem por acaso, mas baseiam-se também em certas leis. Isto porque as cidades de primeira classe são frequentemente constituídas por estações de caminho de ferro ou pequenas cidades de recursos, as de segunda classe são maioritariamente cidades de recursos e as de terceira classe são constituídas por centros administrativos de quase todos os distritos. As cidades desta categoria também pertencem, em parte, à quarta classe. Mas a quinta classe inclui centros regionais. Uma grelha de cidades é como um sistema de exército, com diferentes escalões de "comandantes". A sua disposição escalonada cria uma hierarquia de cidades. Na literatura científica especial, existe a regra Zipfa-Stewart, que prevê a colocação correta das cidades regionais numa ordem. Por exemplo, a segunda cidade deve ter metade da população da primeira cidade, a terceira cidade deve ter um terço da sua população e a quarta cidade deve ter um quarto da sua população. No entanto, uma vez que esta ideia raramente foi totalmente comprovada na vida, pode ser interpretada ao nível de uma hipótese. É desejável que qualquer país tente formar a composição e o sistema das suas cidades de uma forma tão encadeada e escalonada e a implemente na sua política regional. A razão é que a maioria da população do país está concentrada numa ou duas grandes cidades (o que se chama hipertrofia urbana), ou, pelo contrário, não é bom que a população esteja dispersa em muitas cidades pequenas. Naturalmente, no segundo caso, o país será economicamente subdesenvolvido.

A hierarquia das cidades também pode ser imaginada como uma pirâmide. A pirâmide criada para uma ou outra área também reflecte os problemas associados ao desenvolvimento de cidades de diferentes dimensões. Na classificação das cidades, existem conceitos de primeira e segunda cidades, por exemplo, a primeira cidade do Uzbequistão é a sua capital Tashkent, e a sua cidade de segundo nível é Samarkand (atualmente Namangan reclama esta posição). Em geral, há 18 grandes cidades na nossa república que ultrapassam os "cem mil" vezes, e Bekobad reclama-o.

As cidades de tamanho médio incluem Bekobad, Yangiyol, Asaka, Khojayli, Kogon, Zarafshan, Gulistan, Denov, Tortkol, Shahrikhan, Koson, Chust, Kattakorgan, Beruniy, Kosonsoi, Parkent, Urgut, Khiva, Chimboy, Chortoq (20 no total). Entre eles, apenas o centro regional de Gulistan, o resto das cidades e vilas são pequenas, ou seja, pertencem ao primeiro e terceiro grupos.

Os processos demográficos são fenómenos que reflectem o desenvolvimento da população no tempo e no espaço, e o seu aumento, morte, sexo e estrutura etária, bem como as alterações na quantidade de recursos laborais, são fenómenos que afectam diretamente o desenvolvimento socioeconómico da sociedade e da economia nacional. Os processos demográficos incluem os nascimentos, as mortes, os casamentos, os divórcios e as migrações. A principal unidade de observação em demografia é uma pessoa. Durante a vida de uma pessoa, as suas caraterísticas fisiológicas e psicológicas, o nível de educação, o estado civil, a profissão, o grupo social, o local de residência e o conhecimento da língua mudam. O nascimento é um processo biológico. O nascimento tem uma importância particular nos processos demográficos. Porque a população em estudo nasceu pela primeira vez como resultado do processo de nascimento. A população está em constante mudança devido a nascimentos e mortes. Sabe-se que a política do Estado, as tradições nacionais e os valores religiosos existentes têm influência no desenvolvimento estável da população e na regulação dos processos de natalidade a um ou outro nível. Um dos factores que causam a complexidade dos processos demográficos no nosso país é a distribuição desigual da população pelas regiões. A localização da população em diferentes regiões do país é considerada um problema único, e esta situação surgiu devido às caraterísticas naturais e climáticas do país. Se o processo de natalidade provoca o aumento da população, a morte provoca a sua diminuição. O crescimento natural da população ocorre com base nos processos de nascimento e morte. Se o número de nascimentos for superior ao número de mortes, a população aumentará, pelo contrário, se o número de mortes for superior ao número de nascimentos, a população diminuirá. A formação da família está intimamente relacionada com os processos de casamento e divórcio. Como resultado do casamento, o número de famílias aumenta e o número de solteiros diminui. A anulação do casamento, ou seja, o processo de divórcio, provoca um aumento do número de famílias incompletas e de viúvas na população.

Quando uma pessoa nasce, vive durante um certo período. É durante esse período que cresce. Passa da infância à adolescência, à juventude, à meia-idade, à maturidade. À medida que cada ano termina, a população aumenta. Deste modo, as mudanças na vida humana conduzem a mudanças nos grupos populacionais. A natureza política e social do fator humano no processo de migração depende do nível de desenvolvimento socioeconómico, político e cultural da sociedade e reveste-se de particular importância.

Os processos demográficos são fenómenos que reflectem o desenvolvimento da população no tempo e no espaço, e o seu aumento, morte, sexo e estrutura etária, bem como as alterações na quantidade de recursos laborais, são fenómenos que afectam diretamente o desenvolvimento socioeconómico da sociedade e da economia nacional. Os processos demográficos incluem os nascimentos, as mortes, os casamentos, os divórcios e as migrações. A principal unidade de observação em demografia é uma pessoa. Durante a vida de uma pessoa, as suas caraterísticas fisiológicas e psicológicas, o nível de educação, o estado civil, a profissão, o grupo social, o local de residência e o conhecimento da língua mudam. A totalidade das mudanças na vida desta pessoa em particular conduz a mudanças socioeconómicas e demográficas na vida da população como um todo. Durante os anos da independência do Uzbequistão, o rápido crescimento da população levou a um aumento da população urbana e rural. A formação de uma cultura médica entre a população e o emprego das mulheres tiveram um impacto no processo de nascimento e morte. A mortalidade infantil e materna diminuiu e as taxas de natalidade também registaram uma diminuição.

Figura 1.

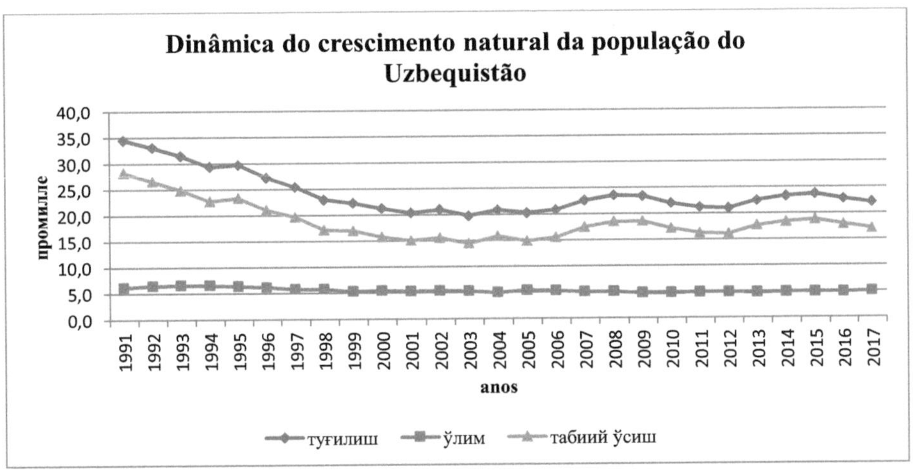

De acordo com os dados do quadro, observou-se que a taxa de natalidade na população da República diminuiu de 35,0 por mil para 21,0 por mil. A taxa de crescimento natural diminuiu de 29,0 por mil para 16,0 por mil. No entanto, a

23

população ultrapassou os 33 milhões. A principal razão para este facto é a implementação adequada dos serviços médicos, a formação da cultura médica da população, e o aumento da idade da esperança de vida leva ao aumento da população todos os anos.

Na região de Namangan, que apresenta um elevado nível de urbanização na República, a percentagem de pessoas empregadas na cidade é muito mais elevada. Se o emprego da população rural for estudado por região, verifica-se que é elevado nas regiões pouco urbanizadas de Kashkadarya e Surkhandarya. Em geral, a distribuição dos trabalhadores no território do país reflecte a estrutura territorial das forças produtivas. À medida que a República entra nas relações de mercado, novas formas de organização do trabalho desempenham um papel cada vez mais importante na produção. Isto leva a um aumento do emprego da população. O desenvolvimento das relações de mercado contribui para a redistribuição do emprego, não entre e dentro das esferas da produção social, mas entre formas de propriedade e tipos de organização do trabalho, bem como entre regiões do país.

É de notar que a distribuição do emprego por tipos de atividade e formas de propriedade muda sob a influência de vários factores, incluindo mudanças estruturais na economia, expropriação estatal, privatização, mudanças na localização territorial das forças de produção, situação demográfica, etc. As tendências mais comuns do emprego não transformador são:

- baixo nível de crescimento do emprego devido à falta de recursos financeiros (ciência e serviços científicos, cultura e arte, gestão);

- apesar das dificuldades de financiamento do orçamento, manter o nível de emprego (saúde, educação);

- em domínios extremamente necessários para a sociedade (habitação e economia colectiva),

- serviços domésticos para a população, etc.) aumento do número de empregados devido à expansão do emprego.

Sabe-se que a população nativa do Uzbequistão tem uma tendência muito baixa para migrar. A população local é particularmente relutante em deslocar-se para países estrangeiros. As caraterísticas da baixa propensão da população para a migração foram orientadas para um objetivo específico durante o período da antiga União. A "cortina de ferro" e as "portas fechadas" deste Estado encontraram o seu reflexo e tornaram-se ainda mais fortes. Os processos de migração nas repúblicas nacionais durante a era soviética podem ser comparados a um movimento de sentido único na rua. As repúblicas da Ásia Central, incluindo o Uzbequistão, foram objeto de uma forte invasão migratória durante o período colonial soviético, em comparação com outras repúblicas da antiga União Soviética. Um grande fluxo de russos, ucranianos, judeus e tártaros foi regularmente enviado para os países da Ásia Central, incluindo o Uzbequistão, em diferentes anos e períodos. Os coreanos, os alemães, os tártaros da Crimeia, os turcos mesquitas e os chechenos foram trazidos à força para a República.

O atual saldo negativo da migração externa é constituído principalmente por nacionalidades europeias. Por exemplo, em 1991-1999, 356.800 russos, 32.300 ucranianos, 55.500 judeus, 22.600 alemães e 108.000 tártaros deslocaram-se dos aglomerados urbanos do Uzbequistão. 1,5 milhões de pessoas saíram da nossa república em 1990-2003. pessoas se mudaram, 500 mil pessoas se mudaram. Assim, o saldo negativo da migração é de 10 milhões. formou uma pessoa. As relações externas do Uzbequistão durante esses anos foram principalmente com a Rússia, a Ucrânia e as repúblicas vizinhas da Ásia Central. A Rússia representou 50,9% de todos os participantes na migração, a Ucrânia 12,9%, o Cazaquistão 10,9% e as outras repúblicas da Ásia Central 13,2%. Os países estrangeiros fora da CEI representaram 8,4%. 62,0% do saldo negativo da migração estrangeira da população do Uzbequistão foi registado pela Rússia, 20,4% pela Ucrânia e 15,8% por outros países estrangeiros. A maioria dos migrantes estrangeiros são russos, tártaros, tártaros da Crimeia e judeus.

O nível de emprego da população do Usbequistão é diretamente afetado pelos fluxos migratórios internos na república, uma vez que este tipo de migração adquiriu caraterísticas próprias no contexto da transição para uma economia de mercado. Devido à influência das reformas socioeconómicas nos anos da independência, verifica-se também uma diminuição das relações migratórias inter-repúblicas. Esta situação é típica dos movimentos migratórios interprovinciais e intraprovinciais.

1.3. Factores que afectam a composição dos residentes urbanos do Uzbequistão

A população é o número de pessoas que vivem numa área. Estes acontecimentos não afectaram os processos demográficos, a dimensão da população, a estrutura etária, a sua localização e a esperança média de vida. Os anos que se seguiram a 1945 foram marcados por condições de vida difíceis, pela escassez de serviços médicos, pela morte da população (sobretudo de mulheres e crianças) e pela diminuição da esperança média de vida da população. Os problemas demográficos tiveram um impacto negativo no desenvolvimento da sociedade durante várias décadas.

No período pós-Segunda Guerra Mundial, a população estabilizou-se e o regresso dos homens que foram para a guerra deu origem a milhares de novas famílias. As décadas de 1960 a 1970 foram designadas pelos cientistas populacionais como o período de compensação ou reposição. Em 1962-1968, atingiu a maturidade, constituiu família e começou a ter filhos. Desta forma, o rápido crescimento da população continuou até meados da década de 1970. Neste período de estudo dos problemas enfrentados pela população, surgiram no

Uzbequistão estudos científicos dedicados ao estudo das questões relacionadas com o aumento da população. No Uzbequistão, a ciência da demografia acelerou-se rapidamente a partir dos anos 60 do século XX.

Os demógrafos, geógrafos e economistas que se dedicam ao estudo dos problemas demográficos realizam investigação científica. O crescimento da população criou um sistema de muitos problemas nas áreas sociais e económicas da sociedade. A recolha de documentos primários relacionados com os censos populacionais de 1959, 1970, 1979 e 1989 teve um grande impacto positivo no estudo de temas relacionados com os estudos demográficos. Outro aspeto importante do estudo dos problemas do desenvolvimento demográfico é o estudo da migração da população, do emprego dos recursos laborais e da urbanização. O Uzbequistão é uma das repúblicas multinacionais do mundo. Comparando os dados dos anos anteriores, de acordo com o recenseamento da população de 1939, 113 nacionalidades e povos viviam no Uzbequistão no recenseamento de 1959 e 120 no recenseamento de 1979. De acordo com o recenseamento da população de 1989, vivem no Usbequistão representantes de mais de 125 nacionalidades e povos, sendo o seu número total de 19 milhões e 810 mil pessoas. Os povos indígenas do Usbequistão são os uzbeques. Nos últimos anos, a percentagem de uzbeques na composição nacional da população aumentou, representando atualmente 80,0% da população da república. Os Karakalpaks são o segundo povo indígena da República. O seu número total é de 549,2 mil pessoas, ou seja, 2,2% da população do país. Também vivem tajiques (1237,4 mil ou 4,9%), cazaques (977,8 mil - 3,6%), quirguizes (227,4 mil - 0,9%), turcomanos (152,3 mil - 0,6%). O número de tártaros que vivem no Uzbequistão é bastante elevado (275,4 mil pessoas - 1,0%). Além dos russos, vivem na República do Usbequistão ucranianos, bielorrussos, polacos, checos, búlgaros e outros. De acordo com o recenseamento da população de 1989, os russos ocupavam o segundo lugar em termos de número de habitantes e atualmente ocupam o terceiro lugar, com mais de 1050 mil pessoas ou 3,8% da população total. Se analisarmos a dinâmica do crescimento do número de russos que vivem no Uzbequistão, o aumento mais rápido ocorre em 1959-70. A razão para tal é a reconstrução da cidade após o terramoto de 1966 em Tashkent e a criação de 54 novos centros industriais na república, que atraíram muitos russos e europeus. No entanto, nos anos seguintes, a taxa de crescimento dos russos diminuiu ligeiramente.   Para além dos tadjiques, que pertencem à família indo-europeia, há também persas, pashtuns, baluques e outros povos no Usbequistão. Os coreanos, os arménios e os judeus também vivem no país. A localização geográfica das nacionalidades no país é igualmente desigual. A primeira razão para tal é o desenvolvimento histórico das nações e a segunda são as caraterísticas do desenvolvimento dos sectores económicos nacionais na República.

A população é o número de pessoas que vivem numa área. Estes acontecimentos não afectaram os processos demográficos, a dimensão da população, a estrutura etária, a sua localização e a esperança média de vida. Os anos que se seguiram a 1945 foram marcados por condições de vida difíceis, pela escassez de serviços médicos, pela morte da população (sobretudo de mulheres e crianças) e pela diminuição da esperança média de vida da população. Os problemas demográficos tiveram um impacto negativo no desenvolvimento da sociedade durante várias décadas.

No período pós-Segunda Guerra Mundial, a população estabilizou-se e o regresso dos homens que foram para a guerra deu origem a milhares de novas famílias. As décadas de 1960 a 1970 foram designadas pelos cientistas populacionais como o período de compensação ou reposição. Em 1962-1968, atingiu a maturidade, constituiu família e começou a ter filhos. Desta forma, o rápido crescimento da população continuou até meados da década de 1970. Neste período de estudo dos problemas enfrentados pela população, surgiram no

Uzbequistão estudos científicos dedicados ao estudo das questões relacionadas com o aumento da população. No Uzbequistão, a ciência da demografia acelerou-se rapidamente a partir dos anos 60 do século XX.

Os demógrafos, geógrafos e economistas que se dedicam ao estudo dos problemas demográficos realizam investigação científica. O crescimento da população criou um sistema de muitos problemas nas áreas sociais e económicas da sociedade. A recolha de documentos primários relacionados com os censos populacionais de 1959, 1970, 1979 e 1989 teve um grande impacto positivo no estudo de temas relacionados com os estudos populacionais. Outro aspeto importante do estudo dos problemas do desenvolvimento demográfico é o estudo da migração da população, do emprego dos recursos laborais e da urbanização. O Uzbequistão é uma das repúblicas multinacionais do mundo. Comparando os dados dos anos anteriores, de acordo com o recenseamento da população de 1939, 113 nacionalidades e povos viviam no Uzbequistão no recenseamento de 1959 e 120 no recenseamento de 1979. De acordo com o recenseamento da população de 1989, vivem no Usbequistão representantes de mais de 125 nacionalidades e povos, sendo o seu número total de 19 milhões e 810 mil pessoas. Os povos indígenas do Usbequistão são os uzbeques. Nos últimos anos, a percentagem de uzbeques na composição nacional da população aumentou, representando atualmente 80,0% da população da república. Os Karakalpaks são o segundo povo indígena da República. O seu número total é de 549,2 mil pessoas, ou seja, 2,2% da população do país. Também vivem tajiques (1237,4 mil ou 4,9%), cazaques (977,8 mil - 3,6%), quirguizes (227,4 mil - 0,9%), turcomanos (152,3 mil - 0,6%). O número de tártaros que vivem no Uzbequistão é bastante elevado (275,4 mil pessoas - 1,0%). Além dos russos, vivem na República do Usbequistão ucranianos, bielorrussos, polacos, checos, búlgaros e outros. De acordo com o recenseamento da população de 1989, os russos ocupavam o segundo lugar em termos de número de habitantes e atualmente ocupam o terceiro lugar, com mais de 1050 mil pessoas ou 3,8% da população total. Se analisarmos a dinâmica do crescimento do número de russos que vivem no Uzbequistão, o aumento mais rápido ocorre em 1959-70. A razão para tal é a reconstrução da cidade após o terramoto de 1966 em Tashkent e a criação de 54 novos centros industriais na república, que atraíram muitos russos e europeus. No entanto, nos anos seguintes, a taxa de crescimento dos russos diminuiu ligeiramente. Para além dos tadjiques, que pertencem à família indo-europeia, há também persas, pashtuns, baluques e outros povos no Usbequistão. Os coreanos, os arménios e os judeus também vivem no país. A localização geográfica das nacionalidades no país também é desigual. A primeira razão para tal é o desenvolvimento histórico das nações e a segunda são as caraterísticas do desenvolvimento dos sectores económicos nacionais na República.

Nas zonas rurais, o número de representantes dos povos indígenas está a aumentar e a influência dos representantes de outras nacionalidades está a diminuir. Os Karakalpaks são uma nação de pleno direito que vive na sua própria república (94,5%). Durante o período de desenvolvimento independente do Uzbequistão, registou-se uma grande mudança na estrutura nacional da população. Atualmente, o número de uzbeques no Uzbequistão aumentou 8,6% em relação a 1989.

Estrutura etária e de género da população. A composição da população em termos de género é o principal fator na formação da situação demográfica. A igualdade de 56% de homens e mulheres na população criou uma situação favorável ao casamento e à constituição de família, mas o peso dos homens e das mulheres na sociedade nem sempre é igual. Os dados estatísticos mostram que, na segunda metade do século XIX e no início do século XX, a proporção de homens na população era muito mais elevada. Os dados estatísticos mostram que a composição sexual da população tem vindo a melhorar no Usbequistão nos últimos 30-35 anos. A proporção de mulheres na população da cidade de Tashkent é superior ao indicador médio da república, sendo de 51,0%. A sua principal razão está relacionada com a composição nacional da população da cidade; os representantes de outras nacionalidades constituem 40-45% da população de Tashkent. O número de mulheres é ligeiramente superior ao dos homens. Além disso, a mortalidade masculina nas zonas urbanas é muito mais elevada do que nas zonas rurais. Por exemplo, em 1989, por cada 1000 homens com idades compreendidas entre os 50 e os 54 anos no Uzbequistão, 10 morreram em zonas rurais e 13 morreram em zonas urbanas. Este indicador é de 49-62 nos grupos etários de 70-74 anos. A composição sexual dos jovens, especialmente do grupo etário dos 15-29 anos, é de particular importância para o crescimento da população. Com efeito, é sobretudo nesta idade que a população se casa e constitui família. De acordo com os dados, em muitos países do mundo, o número de homens em comparação com o de mulheres no grupo etário dos 15-30 anos é ligeiramente superior. No entanto, em alguns países da Europa, Austrália e América, o peso dos homens diminuiu a partir do grupo etário dos 5-9 anos. Este facto deve-se à elevada mortalidade dos rapazes nestes países. No Uzbequistão, o rácio entre homens e mulheres na idade principal de casamento é quase igual. Esta igualdade mantém-se nos grupos etários em que as mulheres têm filhos. A estrutura etária da população do Uzbequistão depende das suas caraterísticas demográficas e do seu nível de vida. O Uzbequistão é um dos países com uma taxa de natalidade relativamente elevada no mundo. No entanto, a elevada taxa de natalidade do país nem sempre foi capaz de assegurar um crescimento regular da população. Na segunda metade do século XX, 50-60% das crianças nascidas no Uzbequistão, onde a mortalidade infantil é elevada, morreram na infância e na adolescência 57 . Esta situação reflecte-se igualmente na composição da população. Por exemplo, de acordo com os dados dos censos de 1926 e 1939, a percentagem de crianças com idades compreendidas entre os 0 e os 9 anos na população total do Uzbequistão era de 23-24% e, de acordo com os dados do recenseamento de

1959-1989, este valor era de 28-32%. O aumento do peso das crianças na população está em consonância com a diminuição acentuada da mortalidade infantil. Outro fator que afecta diretamente o aumento do peso das crianças é o aumento do número de crianças nascidas no Uzbequistão. A taxa de natalidade foi muito elevada na segunda metade do século XX. Se a taxa de natalidade total no Uzbequistão em 1950 era de 30,8%, em 1960 era igual a 39,8%. As crianças nascidas neste período atingiram a idade da maturidade em 1975-1980 e, consequentemente, o peso dos grupos etários 15-19, 20-24 na população aumentou. Esta situação, por sua vez, levou à criação de novas famílias e a um aumento do número de famílias no Uzbequistão. De acordo com os dados da ONU, comparando a estrutura etária da população do Uzbequistão com a estrutura etária da população mundial, o peso das crianças é muito superior. De acordo com a escala de envelhecimento, o Uzbequistão é um dos países "jovens" do mundo. No Uzbequistão, a idade ativa é definida como 16-59 anos para os homens e 16-54 anos para as mulheres. O número de mulheres em idade ativa, ou seja, com 55 anos ou mais, e de homens com 60 anos ou mais, aumentou 18,7% em 1991-2004.

A situação demográfica atual no Usbequistão, especialmente a diminuição da taxa de natalidade (em 1991, a taxa de natalidade total era de 34,5%, em 2004 era de 20,5% ou diminuiu 14%), num futuro próximo, a percentagem de idosos na população total indica que está a aumentar. Esta situação mostra que o estatuto dos idosos enquanto grupo sociodemográfico está a aumentar no Uzbequistão.

CAPÍTULO II. DINÂMICA E COMPOSIÇÃO DEMOGRÁFICA DA POPULAÇÃO DAS CIDADES NO UZBEQUISTÃO

II.1. Dinâmica populacional no Usbequistão e percentagem de residentes urbanos.

A população é o número total de pessoas que vivem numa área e é uma das descrições demográficas quantitativas gerais mais comuns. A população muda regularmente como resultado de nascimentos e mortes, mas não para certas regiões, a população muda como resultado da migração. Atualmente, os dados sobre a população são obtidos com base no registo da população e, para o período entre registos, são calculados os nascimentos, os óbitos e a migração. A população de alguns países e regiões, inclusive para o período passado, é determinada com base em várias fontes: materiais de arquivo, fontes demográficas e paleodemográficas históricas. O desenvolvimento da produção na sociedade depende da população. O crescimento ou, pelo contrário, a diminuição da população causa certos problemas no desenvolvimento da sociedade. Para evitar estes problemas, para conseguir um crescimento normal da população, é necessário efetuar uma investigação científica regular da situação demográfica. Mas esta tem as suas próprias vantagens.

A razão é que o crescimento demográfico, as oportunidades económicas e a situação social nos países do mundo não são os mesmos. Os processos históricos, sócio-económicos e políticos no território do Uzbequistão são o principal fator na formação da sua população e situação demográfica. De acordo com os estudos efectuados, existem dados sobre o número, a estrutura e as caraterísticas demográficas da população do Uzbequistão desde a segunda metade do século XIX. O final do século XIX e o início do século XX. A julgar pelos dados deste período, a população da República tem vindo a aumentar regularmente, mas a taxa de crescimento da população tem sido diferente em diferentes períodos históricos. As informações sobre o número, a composição e a situação demográfica da população da República estão disponíveis principalmente nos recenseamentos da população efectuados no Usbequistão (1897, 1926, 1939, 1959, 1970, 1979 e 1989). De acordo com o recenseamento de 1897, havia 3,9 milhões de pessoas no território do Uzbequistão. uma pessoa vivia; 19% delas eram residentes urbanos. O repovoamento do Uzbequistão caracteriza-se por uma elevada taxa de natalidade e de mortalidade e por uma curta esperança de vida. A taxa de mortalidade infantil era 65-70% mais elevada do que na Europa e na Rússia, e a migração da população era muito baixa. Estas circunstâncias afectaram a formação da dinâmica populacional na República. O crescimento da população deveu-se principalmente aos processos de nascimento e morte. As estatísticas sobre o crescimento natural da população no Usbequistão estão disponíveis desde a segunda metade do século XIX. De acordo com estes dados, a segunda metade do século XIX e o início do século XX registaram uma elevada taxa de natalidade no território do Usbequistão. O nascimento de crianças na família não é controlado, ou seja, não é limitado. Em 1885-1929, o número de crianças nascidas por 1000 habitantes era de 45-55. Simplificando, 45-55 nascimentos por 1000 habitantes num ano aumentaram, o que constitui uma elevada taxa de natalidade. Até ao início do século XIX, a população cresceu muito lentamente na República. Em 1897-1917, a população da república aumentou numa média de 27.000 pessoas por ano. O crescimento médio anual foi de 0,7 por cento. Uma taxa de natalidade tão elevada deve-se a muitos factores. O primeiro deles foi a existência de relações de produção feudais na região. Em geral, nos períodos socioeconómicos que existiam antes da fase capitalista, a natalidade era de natureza biológica, ou seja, não era artificialmente limitada. Mesmo nesse período, todas as famílias e sociedades estavam interessadas em ter muitos filhos. A razão é que o estatuto económico de uma criança (especialmente de um rapaz) é muito elevado na família. Em muitos países, a mão de obra infantil é utilizada no trabalho familiar, no artesanato, na criação de animais, na agricultura, e parte do rendimento económico da família é gerado diretamente pelo trabalho infantil. Assim, uma vez que o trabalho infantil constitui uma parte do rendimento nacional, é também apoiado pela sociedade. Outro fator que afecta a fertilidade é o papel da mulher na sua vida social.

Nos tempos antigos, as mulheres usbeques ocupavam-se sobretudo das tarefas domésticas e da educação dos filhos. Participavam muito pouco nos domínios da economia nacional. Além disso, a valorização e o respeito das famílias com muitos filhos na sociedade são considerados como um dos factores que conduzem a uma elevada taxa de natalidade. 80% da população do Uzbequistão vive em zonas rurais, as raparigas casam-se muito cedo e factores como a elevada mortalidade infantil (especialmente abaixo de um ano de idade) também levaram ao nascimento ilimitado de crianças nas famílias. Mas a elevada taxa de natalidade não significa que a população vá aumentar. A população só aumenta quando as crianças nascidas sobrevivem e crescem. De acordo com os dados, no Uzbequistão, no passado, a mortalidade da população, especialmente a mortalidade de mulheres e crianças, era muito elevada. O elevado número de mortes entre a população do Uzbequistão foi causado principalmente pela gravidade da situação socioeconómica. Durante este período, os trabalhadores uzbeques foram impiedosamente explorados tanto pelo Império Russo como pelos proprietários locais. Os trabalhadores locais recebiam salários muito baixos, o seu trabalho não estava protegido socialmente e a prestação de serviços médicos à população era extremamente reduzida. Devido à falta de cuidados médicos, ao clima quente e ao trabalho árduo, as doenças infecciosas propagaram-se na região e muitas pessoas morreram. As duras condições de vida no Uzbequistão, a falta de serviços médicos e a elevada taxa de mortalidade da população levaram a uma diminuição da esperança média de vida da população. No passado, a esperança média de vida da população do

Usbequistão era de 32 anos, apesar da elevada taxa de natalidade na região, o processo de crescimento natural da população abrandou devido ao grande número de mortes entre a população, a esperança média de vida da população era muito curta. Nos anos 1886-1917, o crescimento natural da população do Usbequistão foi baixo. O crescimento médio anual da população foi de 0,6 por cento. Durante este período, a população do Uzbequistão era de 3 milhões. 320 mil a 4 milhões. Atingiu 52 mil, ou seja, durante o 31º ano, a população do país aumentou em apenas 732 mil pessoas. No Uzbequistão, os sectores da economia nacional começaram a desenvolver-se. A agricultura desenvolveu-se no país através da expansão das terras aráveis, o que, por sua vez, levou a um aumento da população envolvida na agricultura. Gradualmente, os sectores da indústria, da construção e dos transportes também se desenvolveram, o número de trabalhadores que neles trabalhavam aumentou e começaram a ser construídas novas cidades. Em 1897-1939, o número de cidades com mais de 50 mil habitantes aumentou de 10 para 23. Desta forma, a população foi dotada de meios de produção, terra e água, o desenvolvimento da agricultura e da indústria levou a um aumento do rendimento nacional no Uzbequistão. Consequentemente, os indicadores de satisfação das necessidades materiais da população aumentaram. No Uzbequistão, os trabalhadores e os agricultores têm também amplas oportunidades de educação. O sistema de saúde desenvolveu-se na república. No Uzbequistão, apenas 63 hospitais serviam a população, tendo o seu número passado para 139. Foram abertas e começaram a funcionar no Uzbequistão instituições de proteção à maternidade e à infância. Consequentemente, o número de doenças infecciosas diminuiu drasticamente. Uma série de mudanças positivas na vida material e espiritual da população do país teve também um efeito positivo na sua situação demográfica. Os óbitos de primeira linha da população, incluindo os óbitos de mulheres e crianças, diminuíram drasticamente. Devido à diminuição acentuada da taxa de mortalidade no país, o crescimento natural da população e, nesta base, o seu número total aumentou acentuadamente. Durante este período, a população da República cresceu em média 1,5% por ano, e o seu número total foi de 4 milhões. 6 milhões em 48 mil. Atingiu os 55 mil. A partir de 1941, a Segunda Guerra Mundial afectou a situação económica, social e demográfica do Uzbequistão, bem como de todos os países que faziam parte da antiga União. Muitos homens do Uzbequistão foram chamados para a frente de batalha. As oportunidades para as raparigas se casarem e constituírem novas famílias diminuíram. Devido à guerra, houve fome no país e a situação económica da população piorou. Esta situação teve um impacto negativo na situação demográfica do Uzbequistão. Durante os anos de guerra, o número de casamentos na República diminuiu duas vezes. A taxa de mortalidade aumentou 2 a 3 vezes e, nalguns anos, o número de nascimentos foi superior. Consequentemente, a taxa de crescimento natural da população diminuiu.

Por exemplo, a população do Uzbequistão é de 6 milhões de habitantes. Em 1945, a população do Uzbequistão era de 5 milhões, contra 55.000. Em 1945, a população do Uzbequistão era de 55.000, tendo descido para 197.000. Após a Segunda Guerra Mundial, iniciou-se um período de vida pacífica e a situação socioeconómica e demográfica do país começou a melhorar. O regresso dos homens que foram para a guerra deu origem a milhares de novas famílias, os nascimentos aumentaram 20,7% e as mortes diminuíram 7%. Este rápido aumento da taxa de natalidade criou condições favoráveis ao crescimento da população. Durante esse período, a população do Uzbequistão aumentou 3,8% e atingiu o nível anterior à guerra. Esta elevada taxa de crescimento da população manteve-se até 1970. Em certa medida, a contribuição da migração (imigração de pessoas de outras regiões) para o aumento da população no Usbequistão é considerável. Mesmo após o terramoto de 1966 em Tashkent, muitos milhares de migrantes vieram para o Uzbequistão e ficaram a viver. Em geral, de acordo com estudos especialmente efectuados, a contribuição da migração para o aumento da população da república foi elevada até 1970-1987. Entre 1970 e 1990, a taxa de crescimento da população do Usbequistão diminuiu gradualmente. A população da república aumentou, em média, 3,5% por ano; em 1980-1990, este valor foi de 2,7% e, em 1991-2000, de 1,9%. A principal razão para este facto é a diminuição do número de crianças nascidas em famílias uzbeques nos últimos anos. Por exemplo, em 1960, o número de crianças nascidas por 1.000 habitantes na República era de 39,8, enquanto em 1990 este indicador era de 33,7, ou seja, diminuiu 6,7 por mil. A diminuição da taxa de natalidade observa-se também na redução do peso do quinto filho e dos seguintes (sexto, sétimo, oitavo, etc.) nascidos na família. Em 1970, estas crianças representavam 43,1 por cento do número total de crianças nascidas e, em 1990, representavam 14,3 por cento, ou seja, diminuíram três vezes. Em geral, a população do Uzbequistão em 1950-1990 era de 6 milhões. Em 1990, a população do Uzbequistão era de 6 milhões. 20 milhões de 264 mil pessoas. Agora, cada país tem de reconstruir e desenvolver o seu próprio sistema económico. Foi preciso tempo e oportunidade. Neste momento, é inevitável que haja certas dificuldades na gestão de cada país que entrou na via do desenvolvimento independente. Proporção da população urbana: A população urbana vive principalmente em cidades e vilas. O rácio entre a população urbana e rural mostra o nível de urbanização. O crescimento da população urbana é causado pela concessão do estatuto de cidade às aldeias, pela migração da população das aldeias para as zonas urbanas e pelo aumento natural da população urbana. O número absoluto de residentes urbanos na República tem vindo a aumentar de forma constante. O crescimento da população urbana atingiu o seu nível máximo, especialmente durante a era soviética. Entre 1917 e 1990, o número da população da cidade aumentou nove vezes, o que corresponde ao dobro da taxa de crescimento da população total da república. A população urbana do país está distribuída de forma extremamente desigual e a maior parte encontra-se na cidade de Tashkent. No entanto, a população da cidade de Tashkent quase não cresceu nos últimos anos, pelo que a sua percentagem na população do Usbequistão diminuiu de 10,5% em 1991 para 8,2%. O potencial demográfico das regiões de Navoi, Syrdarya, Tashkent e da República de Karakalpakstan diminuiu, não se alterou na região de Jizzakh e aumentou noutras regiões. No período 1991-2005, a taxa de crescimento da população da cidade diminuiu. Devido ao elevado aumento da população rural em comparação com a população urbana, a percentagem da população urbana diminuiu. Durante este período, observou-se uma disparidade significativa no crescimento da população urbana nas regiões do Uzbequistão. Nestes anos, a taxa de crescimento da população das cidades da república foi de 0,9%, sendo este valor de 3,2% em Surkhandarya, 2,8% em Jizzakh, 0,6% em Syrdarya, 0,7% em Bukhara, 0,8% em Khorezm e 0,2% na região de Tashkent. é uma percentagem.

Se este indicador for inferior a 2,0 em qualquer nação, significa que esta nação diminuirá da sua dimensão atual no futuro, se este indicador exceder 4,0, então o número desta nação crescerá muito rapidamente. Para o Uzbequistão, este indicador é atualmente igual a 4,1. Isto significa que a taxa de natalidade na nossa república é elevada. Para melhor visualizar este resultado, é necessário comparar o Uzbequistão com os países do mundo. Se quisermos conhecer as famílias dos países do mundo e a situação atual do nascimento de crianças nesses países, devemos dividi-los condicionalmente em três grupos. O primeiro grupo inclui os países com uma elevada taxa de natalidade: Países africanos, alguns países da Ásia e da América do Sul, Austrália e Oceânia, e países da Ásia Central. O número médio de filhos nas famílias destes países varia entre quatro e oito, e nalguns casos até mais. Os principais factores que conduzem a uma taxa de natalidade tão elevada nas famílias destes países são os seguintes: os países acima referidos são sobretudo países economicamente em desenvolvimento, o nível de educação das mulheres é relativamente baixo, as tradições que apoiam os nascimentos múltiplos são mais preservadas, as mulheres participam menos na produção social; estilo de vida urbano lento; o conceito de controlo da natalidade e os meios naturais necessários para o efeito podem não estar generalizados. É de salientar que a elevada taxa de natalidade tem algumas consequências demográficas. Nomeadamente, a população aumentará muito rapidamente, nascerão muitas novas famílias, a proporção de crianças na população será elevada, etc. Estas consequências demográficas causam uma série de problemas socioeconómicos. O segundo grupo é um grupo de países com uma taxa de natalidade média nas suas famílias. Este grupo inclui um total de 44 países em todo o mundo. 25 deles estão na Eurásia, 2 em África, 16 na América e um na Austrália e Oceânia. A sua população representa cerca de 40% da população mundial. As famílias destes países têm, em média, dois a quatro filhos. A população dos países incluídos neste grupo está a aumentar 1,9 por cento todos os anos. Esta formação da família nestes países está relacionada com os factores socioeconómicos que historicamente formaram a sua estrutura. Nos países onde a taxa de natalidade é média, a população manterá a sua dimensão atual. Não se prevê que venham a registar declínios ou reduções acentuadas da população. Será mais fácil resolver os problemas relacionados com a gestão do desenvolvimento demográfico e o planeamento económico. O terceiro grupo é constituído por países com uma baixa taxa de natalidade. São 32 no total, 24 dos quais se situam na Eurásia, 5 na América e 3 na antiga União Soviética. Os países pertencentes a este grupo representam 36,0% da população mundial. Estão a aumentar 0,9 por cento da população por ano. A maioria das famílias tem apenas um ou dois filhos. Este decréscimo da taxa de natalidade nas famílias que vivem nos países do último grupo, em primeiro lugar, nas condições de produção capitalista, o aumento do número de cidades e a grande difusão do estilo de vida urbano, leva a um decréscimo da taxa de natalidade nos países pertencentes ao terceiro grupo. Especialmente nos países europeus, onde a maioria da população vive em cidades, a taxa de natalidade é muito baixa. Veja-se, por exemplo, o caso da Alemanha, onde 90 por cento da população vive em cidades. Atualmente, é o país com a taxa de natalidade mais baixa do mundo, com 9 a 10 crianças nascidas por cada 1.000 pessoas. Nos países deste grupo, o próximo fator que levou a uma diminuição da taxa de natalidade no período atual é a participação relativamente maior das mulheres na produção social e no trabalho assalariado. Por exemplo, no Canadá, as mulheres constituíam 17% da população que participava na produção social em 1931 e, em 1990, este número atingiu 40%.

De acordo com o programa estatal "Ano do desenvolvimento rural e da prosperidade", 2009 foi marcado pela localização territorial de povoações de tipo urbano, ou seja, 11 na República de Karakalpakstan, 78 na região de Andijan, 60 em Bukhara, 34 em Jizzakh, 119 em Kashkadarya, 30 em Navoi, 109 em Namangan e 109 em Samarqand. 76, Surkhandarya 107, Syrdarya 16, Fergana 196, Khorezm 51 e 79 povoações rurais da região de Tashkent receberam o estatuto de cidades. Consequentemente, o número de povoações de tipo urbano nas regiões de Kashkadarya (123), Fergana (206), Surkhandarya (114) e Namangan (120) ultrapassou a centena (2009). 43 nas regiões de Jizzakh, Navoi, Syrdarya e na República de Karakalpakstan, respetivamente; 38; 21 e 26, e noutras regiões, o seu número ronda os 50-100.

A maioria absoluta das povoações a que foi recentemente concedido o estatuto de município não satisfaz os critérios especificados no artigo. Em particular, cada uma das 966 cidades tem uma população de 2.000 pessoas ou mais, mas a concessão do estatuto de cidade a aldeias sem empresas industriais, construções e estações ferroviárias, e redes de infra-estruturas sociais subdesenvolvidas, não corresponde ao estado real da urbanização. A título de exemplo, foram consideradas as povoações de alguns distritos regionais da República, que foram transformadas em cidades. Em particular, de acordo com o departamento de estatísticas do distrito de Chust, na região de Namangan, 11 povoações rurais receberam o estatuto de cidade e a sua população corresponde aos critérios demográficos, mas nenhuma delas dispõe de infra-estruturas de construção ou ferroviárias. As localidades situam-se a 15-50 km da estação ferroviária e a empresa industrial encontra-se apenas na localidade de Olmos. Além disso, os colégios funcionam em 3 povoações, nomeadamente Olmos, Akhcha e Gova, e os centros médicos rurais (QVP) funcionam em 7 povoações. A mesma situação é observada em 119 povoações da região de Kashkadarya e em 34 povoações da região de Jizzakh.

O número de residentes permanentes da República do Uzbequistão era de 32.65 milhões de pessoas em 1 de janeiro de 2018 e, em 2017, aumentou 533.4 mil pessoas ou 1.7%. Isso foi relatado pelo serviço de informações do Comitê Estadual de Estatística. Entre eles, o número de residentes urbanos era de 16,53 milhões de pessoas (50,6% da população total), e o número de residentes rurais era de 16,12 milhões de pessoas (49,4%). As análises das regiões da república mostram que, em 1º de janeiro de 2018, a maior população estava na região de Samarcanda, com 3,71 milhões de pessoas (11,4% da população da república), seguida pela região de Fergana, com 3,62 milhões de pessoas (11,1%), era de 3,14 milhões de pessoas (9,6%) na região de Kashkadarya e 3,01 milhões de pessoas (9,2%) na região de Andijan.

Em 1 de janeiro de 2018, o número de regiões com uma população de mais de 3 milhões de pessoas era de 4. Em 2017, nasceram 715.500 crianças e a taxa de natalidade por 1.000 habitantes foi de 22,1 por mil, em comparação com 2016, 0,7 por mil diminuiu (22,8 por mil em 2016). Em comparação com o período correspondente de 2016, a taxa de natalidade aumentou na região de Surkhandarya (de 25,7 por mil para 25,9 por mil), e uma diminuição significativa foi observada na República do Karakalpakstan (de 21,9 por mil para 20,7 por mil). Em 2017, observou-se um decréscimo significativo na região de Fergana (de 22,2 para 21,0 por mil), Tashkent (de 20,3 para 19,2 por mil),

Khorezm (de 22,2 para 21,0 por mil), Bukhara (de 20,9 para 20,0 por mil) e Jizzakh (de 24,5 por mil para 23,6 por mil). Em 2017, nasceram um total de 715.500 crianças, das quais 280.800 (39,2% de todos os nascimentos) tinham 20-24 anos. mulheres, 248.100 (34,7%) com idades entre 25-29, 122.300 (17,1%) mulheres com 30-34 anos.

Em 2017, registaram-se 161,5 mil óbitos, correspondendo a uma taxa de mortalidade por mil habitantes de 5,0 por mil, que aumentou 0,1 por mil face ao período homólogo de 2016 (em 2016, foi de 4,9 por mil).

A taxa de mortalidade aumentou significativamente em comparação com o período correspondente de 2016 nas regiões de Andijan (de 5,1 por mil para 5,4 por mil), Jizzakh (de 4,2 por mil para 4,4 por mil), Kashkadarya (de 4,1 por mil para 4,3 por mil), Namangan (4. de 7 a 4,9 por mil), Surkhandarya (de 4,3 a 4,5 por mil) e Ferghana (de 4,8 a 5,0 por mil). Do total de óbitos, 8,2% ocorreram em pessoas com idade inferior à idade ativa (8,0% em 2016), 27,6% em idade ativa (28,5% em 2016) e 64,2% em idade superior à idade ativa (em 2016, representou 63,5%).

O número de pessoas que morreram em 2017 aumentou em 6,7 mil em relação a 2016, sendo que a maioria, ou seja, 74,6%, eram pessoas com 60 e mais anos. 59,9% das pessoas que morreram em 2017 foram por doenças do aparelho circulatório. 9,3% por tumores, 6,5% por acidentes, envenenamentos e ferimentos, 5,7% por doenças dos órgãos digestivos, 4,8% por doenças dos órgãos respiratórios, 1,7% por doenças infecciosas e parasitárias e 12,1% morreram por outras doenças. 56,4% das crianças registadas que morreram com menos de 1 ano de idade foram devido a condições perinatais, 21,1% a doenças respiratórias, 11,9% a anomalias congénitas, 3,5% a doenças infecciosas e parasitárias, 1,9% a acidentes, envenenamento e ferimentos, 0,5% a doenças digestivas e 4,7% a outras doenças.

Em 2017, o crescimento natural da população foi de 554 000 pessoas, o que representa um decréscimo de 17 400 pessoas em relação a 2016 (em 2016 eram 571 400 pessoas). Em 2017, foram registados 306.000 casamentos na Conservatória do Registo Civil. O coeficiente de casamentos por 1000 habitantes da república é de 9,4 por mil. Em comparação com 2016, o número de casamentos aumentou significativamente em Surkhandarya (126,6%), Jizzakh e Namangan (115,9%), Samarkand (112,3%) e corresponde à região de Kashkadarya (111,2%).

Em 2017, 21,6% das mulheres casadas tinham menos de 20 anos, 70,2% tinham entre 20 e 29 anos e 8,2% tinham mais de 30 anos, 0,9% dos homens tinham menos de 20 anos, 83,5% tinham entre 20 e 29 anos e 15,6% tinham 30 anos ou mais. Em 2017, foram registados 31.900 divórcios na Conservatória do Registo Civil e a taxa de divórcio foi de 1,0 por mil por 1000 habitantes. O número de divórcios em 2016 Em comparação com 2015, as maiores taxas de crescimento foram observadas nas regiões de Surkhandarya (128,6%), Jizzakh e Syrdarya (122,2%), Samarkand (121,2%), Namangan (119,0%) e na República de Karakalpakstan (118,2%).

Em 2017, o número de pessoas que imigraram para a república foi de 157,1 mil, e o número de pessoas que emigraram foi de 177,7 mil. O saldo migratório foi de menos 20,6 mil pessoas, o que representa uma diminuição de 5,6 mil pessoas em relação a 2016. O nível mais elevado de saldo migratório verificou-se em Tashkent (menos 6,2 mil pessoas), Samarkand (menos 5,2 mil pessoas), Kashkadarya (menos 4,0 mil pessoas) foram registados nas regiões e na República de Karakalpakstan (menos 4,4 mil pessoas).

Os indicadores da situação demográfica foram elaborados com base nas informações fornecidas pelos serviços de registo civil e pelos serviços de registo da migração e da cidadania, e os cálculos foram efectuados em conformidade com o regulamento metodológico elaborado com base na recomendação das Nações Unidas.

Em 1 de janeiro de 2017, o número de residentes permanentes da República do Uzbequistão era de 32,1 milhões. 11,5 milhões de pessoas em comparação com 1991. por pessoa, ou seja, aumentou 55,9%. Se olharmos para a história das estatísticas sobre o número de residentes permanentes da República do Uzbequistão, a população da república em 1926 era de 4,6 milhões. pessoas, em 1939 - 6,3 milhões. pessoas, em 1959 - 8,1 milhões. pessoas, em 1970 - 11,8 milhões. pessoas, em 1979 - 15,4 milhões. pessoas e em 1989 19,8 milhões. Em 1926, de acordo com a localização da população da república, a percentagem de residentes da cidade na população total era de 21,9 por cento e, a partir de 1 de janeiro de 2017, este valor era de 50,6 por cento.

Foram também observadas alterações na distribuição das nacionalidades da população da República. A partir de 1 de janeiro de 2017, a percentagem de uzbeques na população total da República era de 83,8 por cento, Karakalpaks - 2,2 por cento, russos - 2,3 por cento, tajiques - 4,8 por cento, cazaques - 2,5 por cento, tártaros - 0,6 por cento, ucranianos - 0,2 por cento. De acordo com a estrutura etária da população da república, em 2017, a percentagem de pessoas abaixo da idade ativa (0-15 anos) era de 30,1 por cento, a idade ativa (homens 16-59 anos, mulheres 16-54 anos) representava 60,5 por cento, os mais velhos do que a idade ativa (homens com 60 anos ou mais, mulheres com 55 anos ou mais) representavam 9,4 por cento. Em 2016, nasceram 726,2 mil crianças. Em 2015, nasceu o maior número de 734,1 mil crianças na história da República.

130,3 mil pessoas morreram na república em 1991, 132,5 mil pessoas em 2001, 143,3 mil pessoas em 2011 e 154,8 mil pessoas em 2016. Em 1 de janeiro de 2017, 168 distritos, 119 cidades, 1081 vilas, 1.468 assembleias de aldeia, 10.998 assentamentos rurais e 8.207 assembleias de bairro. O território da República é de 448,97,000 quilómetros quadrados, com 71,5 pessoas por quilómetro quadrado. A análise mostra que, a partir de 1 de julho de 2018, a maior população está na região de Samarkand. Isto é afirmado no relatório do Comité Estatístico do Estado.

Segundo ele, ao mesmo tempo, a população da região de Samarkand é de 3 milhões 753,3 mil pessoas (a percentagem da população da república é de 11,4%). O segundo lugar é ocupado pela região de Fergana, cuja população é de 3 milhões 644,9 mil pessoas (11,1%). A população mais pequena é de 964,7 mil pessoas (2,9%) na região de Navoi e de 821,9 mil pessoas (2,5%) na região de Syrdarya.

Em termos de regiões, a maior taxa de crescimento da população em comparação com o período correspondente de 2017 foi de 2,1% na região de Surkhandarya, 2,0% nas regiões de Kashkadarya e Samarkand, 1,9% na região de Jizzakh, 1,8% na região de Namangan, pelo contrário, a menor taxa de crescimento foi de 1,4% na República de Karakalpakstan e 1,2% na região de Tashkent

Nascimento. Em janeiro-junho de 2018, nasceram 324,3 mil crianças (aqui e mais à frente só são considerados os nados-vivos), correspondentemente, a taxa de natalidade por 1.000 habitantes foi de 20,0 por mil (por mil é a milésima parte de um número qualquer ou a décima parte de um por cento - nota editorial) e aumentou 0,5 por mil em relação ao período homólogo de 2017 (em janeiro-junho de 2017 foi de 19,5 por mil).

Em comparação com o período correspondente de 2017, a taxa de natalidade aumentou significativamente nas regiões de Samarkand (de 21,0 por mil para 22,9 por mil) e Kashkadarya (de 21,4 por mil para 22,4 por mil), pelo contrário, diminuiu significativamente em Navoi (de 19,8 por mil para 19,1 por mil) e Foi observado nas regiões de Khorezm (de 16,7 por mil para 16,2 por mil). 31,6%

de todos os nascimentos correspondem ao 1º filho da mãe, 36,6% ao 2º filho da mãe e 31,8% ao 3º filho da mãe e acima. pulsação, contração involuntária dos músculos), mesmo que esteja presente, a criança é considerada nascida viva. Neste caso, o período de gravidez da mãe deve ser de 22 semanas ou mais, a altura da criança deve ser de 25 cm ou mais, e o peso deve ser de 500 gramas ou mais.

Foram também observadas alterações na distribuição das nacionalidades da população da República. A partir de 1 de janeiro de 2017, a percentagem de uzbeques na população total da República é de 83,8 por cento, Karakalpaks - 2,2 por cento, russos - 2,3 por cento, tadjiques - 4,8 por cento, cazaques - 2,5 por cento, tártaros - 0,6 por cento, ucranianos - 0,2 por cento.

A cidade de Tashkent e os seus arredores têm uma história de dois milhões de anos, contados a partir das áreas habitadas desde tempos antigos. As terras férteis ao longo do rio Chirchik e o clima favorável à agricultura criaram amplas oportunidades para os residentes viverem e trabalharem. A primeira informação exacta sobre o número de pessoas que aqui vivem refere-se ao ano de 1897, quando 154 400 pessoas viviam em Tashkent, das quais 88 400 eram homens e 68 000 eram mulheres. 82,5% eram uzbeques e 11,4% eram russos. Em 1902, a população total da cidade era de 164.200 pessoas.

Figura 2.

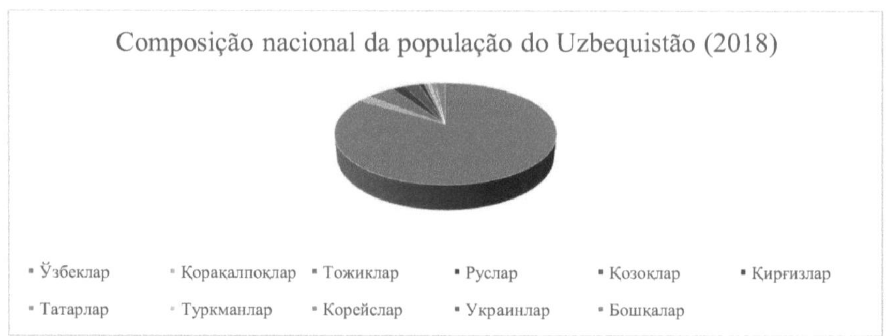

Na fase inicial da migração da população - em 1959, Tashkent incluía 11 cidades e nelas viviam 1075,6 mil pessoas. Em 1970, viviam nas suas cidades e vilas um total de 1.690.300 pessoas. Em 1970-1979, com o desenvolvimento económico da cidade, a aceleração das obras de construção, bem como a redução do estatuto atribuído às cidades e vilas, o número de cidades cresceu rapidamente e atingiu 25. A população era de 2174,6 mil pessoas. Em 1989, um total de 2649,2 mil pessoas vivia em 27 cidades, e em 2010, 26677,0 mil pessoas viviam no mesmo número de cidades. A população total era de 3500,3 mil em 1989 e 3692,5 mil em 2010.

Um dos principais indicadores da situação demográfica é o processo de natalidade. A taxa de natalidade em 2009 foi de 22,7 por 1000 pessoas. Este indicador é de 19,6 por mil em Tashkent, 18,0 em Chirchik e 22,3 por mil em Yangiyol. Nas zonas rurais, é muito mais elevado - 20,1 por mil, enquanto em 1995 este valor era de 29,3 por mil pessoas. As taxas de natalidade mais elevadas registam-se nas cidades de Akkurgan, Parkent, Ghazalkent (23-29 ‰), o que está relacionado com a situação ecológica, a composição nacional da população e a ocupação. Em 1995, estes indicadores eram mesmo de 30-36 por mil. A média da república era de 29,8 por mil, e esses indicadores altos estavam principalmente nas áreas rurais. Nos últimos anos, os nascimentos nas zonas rurais têm vindo a diminuir em comparação com as zonas urbanas.

Em 2005, a taxa de crescimento natural nas cidades do Uzbequistão era de 8,5 por 1000 pessoas. Este indicador é muito baixo em algumas cidades, por exemplo, 8,2 por mil em Tashkent, 4,1 em Chirchik, 0,4 em Iskandar, 1,4 em Chigirik, 1,6 em Yangi Chinoz, 4,4 em Kyziltog. Nalgumas cidades, foram observados indicadores muito mais elevados (Aqqorgon - 13,6 ‰, Parkent - 16,3 ‰) e, a este respeito, são quase iguais às zonas rurais (14,5 ‰). Em 2009, estes números tinham aumentado para 3-4 por mil. Em geral, a população da aglomeração aumentou com base no crescimento natural durante os anos de independência, e ocorreram mudanças negativas devido à migração. Além disso, como resultado de mudanças administrativas aqui, Bektemir tornou-se parte da cidade de Tashkent em 1997, Yangi Chinoz recebeu o status de uma cidade em 1992.

Em particular, a maioria dos imigrantes provém da República de Karakalpakstan e da região de Khorezm, onde as condições naturais e ecológicas são desfavoráveis. Nos primeiros anos da independência, a partida de representantes de outras nacionalidades para os seus próprios países foi o principal conteúdo do movimento mecânico, mas nas fases posteriores, os residentes locais procuraram trabalho ou ganharam rendimentos adicionais. foram observados casos de partida temporária ilegal. Nos últimos 10-15 anos, Tashkent deu quase metade dos emigrantes que deixaram a república e recebeu quase o mesmo número de imigrantes. Nos últimos anos, a balança da migração externa registou um saldo positivo.

É de notar que a cidade de Tashkent adquiriu caraterísticas demográficas próprias nos últimos anos. A população da cidade tem crescido rapidamente ao longo dos anos.

Este crescimento populacional implica a criação rápida de novos postos de trabalho no país (postos de trabalho com um elevado nível de prestígio económico), trabalho com jovens (embora o número de nascimentos na república esteja a diminuir relativamente, o elevado peso dos jovens aumenta os problemas de lhes proporcionar trabalho e aumenta significativamente a "pressão demográfica"), é necessário resolver o importante problema de os atrair para as áreas relevantes da economia do país. Atualmente, surgiu uma situação demográfica única na nossa república, que é o crescimento progressivo da população, o aumento da percentagem de pessoas em idade ativa e de idosos na estrutura etária da população, a diminuição do número da população, ao mesmo tempo que o aumento do número da população de meia-idade, se manifesta no crescente processo de urbanização. Durante os anos 2000-2016, de acordo com o artigo 9 do Código de Desenvolvimento Urbano da República do Uzbequistão, os assentamentos são divididos nas maiores cidades, grandes cidades, cidades médias e pequenas cidades. Hoje, existem 35 cidades com uma população de até 20.000 pessoas, que representam 29,4% do sistema urbano do país. Em 1 de janeiro de 2017, 37,5% da população das cidades da república vivia nelas. Existem 48 cidades com uma população de 20.000 a 50.000 habitantes (40,3% do sistema de cidades), e no ano passado os seus residentes representavam 13,9% da população total da cidade. Nas cidades médias (19 cidades com população de 50-100 mil habitantes) mais de 8,2% da população urbana, nas grandes cidades (de 100 mil a 250 mil habitantes) 9,5% nas grandes cidades (de 250 mil a 1 milhão de habitantes) 16,0 %i, 14,8% vivem nas maiores cidades (mais de 1 milhão de habitantes). Por outras palavras, a maioria das cidades do Uzbequistão (69,7% do sistema urbano) são cidades pequenas e médias. 59,6% da população total das cidades vive nelas.

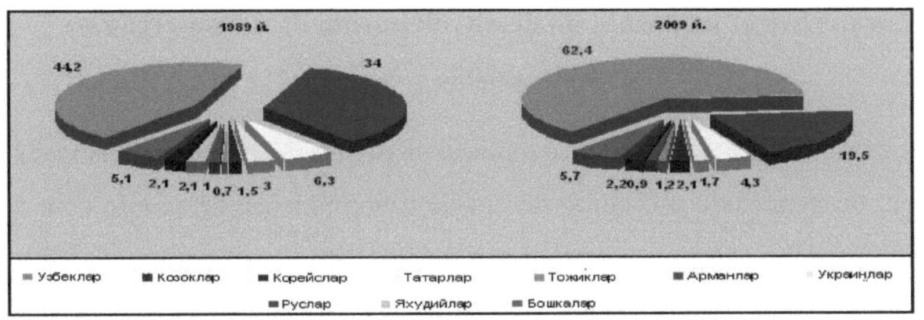

A composição da população por género é a distribuição da população entre homens e mulheres. A elevada proporção de homens na população da República manteve-se até à Segunda Guerra Mundial. A guerra provocou uma mudança drástica na situação demográfica. O recenseamento de 1959 na antiga União Soviética revelou que a proporção de homens e mulheres por 1000 habitantes era de 480:520. As mudanças na população da república estão diretamente relacionadas com a sua estrutura etária. A atual estrutura etária da população do Uzbequistão é considerada jovem, apesar da diminuição da taxa de natalidade que começou nos anos 90 do século XX. Ou seja, em 1 de janeiro de 2017, a percentagem de jovens com menos de 30 anos na população era de 56,5 por cento, a percentagem de crianças com menos de 16 anos era de 30,1 por cento e a percentagem de jovens com 16-29 anos era de 26,4 por cento. Além disso, a análise dos dados estatísticos mostra que o número absoluto da população com idades compreendidas entre os 0 e os 15 anos está a diminuir nos últimos anos (em 2010, a percentagem de crianças com menos de 16 anos na população total era de 31,2 por cento). Durante os anos 2010-2016, o número de pessoas em idade ativa na República era de 31,3% em 2010 e de 30,1% em 2016. Esta situação é explicada pela diminuição da taxa de natalidade na República durante os anos de independência.

II.2.Caraterísticas modernas do desenvolvimento da urbanização no Uzbequistão

Em 2009, tendo em conta o facto de a maioria da população do nosso país viver em aldeias, foi concedido o estatuto de cidade a 965 aldeias, de acordo com a decisão do Conselho de Ministros relativa a medidas adicionais para melhorar a estrutura administrativa e territorial da República do Usbequistão em 2009, a fim de introduzir um estilo de vida urbano, a cultura e melhorar as infra-estruturas.

A transformação das aldeias em cidades constituiu uma nova etapa única na urbanização da república. A população da cidade em 2008 era de 9,6 milhões. 14,3 milhões em 2009. pessoa, o nível de urbanização aumentou para 51,7 por cento. Neste caso, a taxa mais elevada foi observada na região de Namangan, 64,6 por cento, em segundo lugar ficou a região de Fergana, 58,7 por cento, e em terceiro lugar a região de Andijan, 53,1 por cento. Se analisarmos teoricamente, o número de habitantes e o facto de a maioria dos membros das suas famílias não trabalharem na agricultura cumprem os requisitos para o estatuto de cidade. No entanto, em termos de infra-estruturas urbanas, arquitetura, cultura urbana e estilo de vida da população, trata-se de uma forma de "falsa urbanização".

Se na fase anterior as regiões da República de Karakalpakstan, Navoi e Tashkent lideravam em termos de nível de urbanização, no último período foram substituídas pelo Vale de Fergana, que tem uma população grande e densamente povoada. A principal razão para este facto é que o vale de Ferghana tem muitas aldeias grandes com uma população numerosa.

As análises entre 2009 e 2016 mostram que o nível de urbanização na República do Uzbequistão diminuiu 1,0 por cento. Indicadores especialmente elevados são observados nas regiões de Syrdarya, Namangan e Fergana. As principais razões para tal são o facto de a migração da população rural para a cidade ser lenta e de a criação de cidades não ser tão grande como anteriormente. O crescimento natural anual da população urbana é inferior ao das zonas rurais (0,8 e 1,3 por cento), e este processo manter-se-á no futuro. Assim, as razões para o baixo nível de urbanização no Uzbequistão são:

-lentidão da migração rural-urbana;

- baixa mobilidade natural dos residentes urbanos em comparação com os residentes rurais;

- a fraqueza do potencial das cidades para atrair residentes;

- falta de estabelecimento regular de novas cidades;

- baixo potencial industrial das regiões;

- a maior parte da população é oriunda de zonas rurais, etc.

Tabela 2.

Mudanças no nível de urbanização no Uzbequistão

Áreas	Ano 2008		Ano 2009		Ano 2016		Evoluç ão do nível de urbaniz ação (2009-2016)
	População da cidade, mil pessoas	Grau de urbaniza ção, %	População da cidade, mil pessoas	Grau de urbaniza ção, %	População da cidade, mil pessoas	Grau de urbaniza ção, %	
República do Uzbequistão	9698.2	35.8	14236.0	51.7	15748.0	50.6	-1.1
República de Karakalpakstan	774.5	48.5	814.6	50.4	873.0	49.5	-0.9

Andijan	716.9	29.2	1338.9	53.5	1500.0	52.4	-1.1
Bukhara	456.8	29.5	616.8	38.8	678.4	37.9	-0.9
Jizzakh	321.2	29.7	520.7	47.4	589.6	47.2	-0.2
Navoi	327.8	39.5	416.7	49.6	448.5	49.1	-0.5
Namangan	806.3	37.1	1434.1	64.6	1618.8	63.4	-1.3
Samarcanda	755.0	25.1	1145.8	37.4	1337.0	38.0	+0.6
Sardenha	215.8	31.1	290.7	46.3	336.6	43.3	-3.0
Surkhandarya	381.3	19.2	756.2	37.2	845.2	35.8	-1.4
Tashkent	990.8	39.3	1278.3	50.1	1350.2	48.9	-1.2
Ferghana	827.2	27.8	1776.2	58.8	1965.9	57.0	-1.8
Khorezm	328.1	21.8	523.9	34.2	559.0	32.6	-1.6
Kashkadarya	616.5	24.5	1116.8	43.6	1274.5	43.1	-0.5
Cidade de Tashkent	2180.0	100.0	2206.3	100.0	2371.3	100.0	0.0

Os aglomerados urbanos da República do Usbequistão estão distribuídos de forma desigual pelas regiões do país. A rede de cidades também está bem desenvolvida nas regiões económicas com elevado potencial demográfico e economia relativamente estável. Ferghana continua a ser a região com o maior número de cidades (423).

Cidades	1959 ano	1979 ano	1989 ano	2000 ano	2005 ano	2008 ano	2016 ano
Angren	55,8	105,8	131,0	129,0	129,3	133,4	149,8
Andijan	130,9	229,7	290,5	334,3	352,6	363,8	416,3
Bukhara	69,8	184,8	222,2	239,1	238,6	241,8	250,6
Jizzakh	15,7	68,4	104,2	128,9	136,5	140,9	167,4
Margilon	95,2	110,2	124,1	156,0	165,1	172,3	195,8
Navoi	5,4	83,1	105,5	140,9	122,3	124,6	133,6
Namangan	123,5	226,6	304,2	386,2	408,5	425,5	493,3
Nukus	31,9	106,9	168,5	206,7	258,1	263,8	301,3
Olmaliq	40,5	101,0	113,9	114,7	116,7	121,1	124,3
Camarke	196,5	470,2	364,0	361,1	361,2	367,1	491,6

Termiz	22,1	56,0	82,0	113,5	120,8	127,4	140,1
Tashkent	911,9	1754,5	2102,0	2135,5	2128,9	2173,2	2393,2
Urganch	76,2	98,1	126,4	139,2	136,3	135,1	138,6
Farg'ona	80,2	173,0	198,3	185,2	184,5	188,8	271,0
Chirchiq	65,6	131,2	156,4	143,3	140,7	142,2	151,8
Karshi	19,7	107,4	154,7	201,3	212,2	223,1	254,2
Qo'qon	105,1	151,1	179,5	197,4	203,5	208,7	239,9
Shakhrisabz	16,4	32,7	52,4	87,1	91,1	92,7	103,5

O crescimento da população das grandes e grandes cidades da república (1959-2016)

Deve dizer-se que a complexidade do sistema de cidades, a determinação da sua hierarquia (nível), leva também à distribuição de tarefas (funções) entre cidades. Um aspeto específico da urbanização do país é explicado pelo grande número de pequenas cidades na cadeia de cidades. Devido à especialização da economia da república principalmente na produção de produtos agrícolas e na sua indústria transformadora, mais de 4/5 das cidades são pequenas cidades. Com o aparecimento de novas cidades em 2009, o peso das cidades nesta categoria voltou a aumentar.

Em 2016, havia 1.091 pequenas cidades e vilas, que representavam 90,1 por cento do total de assentamentos urbanos. O número de cidades na fase intermédia é de 20, o que corresponde a 1,6% do total de aglomerados urbanos. O número de grandes cidades na república é de 7 (Samarkand, Namangan, Andijan, Karshi, Nukus, Bukhara, Fergana), 11 grandes cidades e 75 cidades semi-médias.

Atualmente, os projectos implementados no Centro Internacional de Logística (Angren MIZ), na Zona Industrial Especial de Jizzakh e na Zona Industrial Livre de Navoi são importantes para o desenvolvimento da geografia das cidades do nosso país em termos de independência rodoviária. Em particular, a entrada em funcionamento dos caminhos-de-ferro Uchkuduq-Sultonuvais-

Nukus em 2001, Tashguzar-Boysun-Kumkurgan em 2007 e Angren-Pop em 2016 tornou possível formar o sistema ferroviário do país como uma estrutura integrada independente. A localização geográfica dos transportes como pólos de crescimento e centros de aglomerações urbanas como Navoi, Uchquduq, Khalqabad, Guzor, Dehqonabad, Boysun, Kumkurgan, Miskin, Angren, Ohangaron, Yangiabad, Pop, que se situam principalmente nestas zonas, melhorou.

Assim, apesar de o desenvolvimento das cidades ter abrandado nos primeiros anos da independência, o seu número quintuplicou subitamente devido à nova vaga de urbanismo. Tal situação determina a necessidade de um estudo abrangente das possibilidades e principais direcções de desenvolvimento das cidades, pólos e centros de crescimento.

De acordo com os dados de 2013, 51,2% da população da República do Uzbequistão vive em zonas urbanas. Em número absoluto, são 15370,1 mil pessoas. A população da cidade nos anos anteriores era a seguinte (em milhares de pessoas): 1926 -1002; 1939 - 1470; 1959 - 2729; 1970 - 4327; 1979 - 6348, 1989 - 8059 e 9166 mil pessoas em 2000. A taxa de crescimento da população urbana foi especialmente elevada nos anos 70-80. A razão para isso é que, em 1972, a população mínima necessária para a transferência de assentamentos para o status de cidade foi reduzida de 10.000 para 7.000 e, como resultado, o número de cidades aumentou rapidamente (se em 1970 havia 42 cidades na república, em 1979 seu número chegou a 90).

Em 1989-2009, o crescimento do número de residentes urbanos abrandou consideravelmente. Consequentemente, a taxa de urbanização total desceu de 40,7% para 35,8%. A nível regional, este processo foi especialmente notório em Tashkent, Fergana, Bukhara e Khorezm, tendo aumentado ligeiramente apenas nas regiões da República de Karakalpakstan, Jizzakh e Namangan.

A declaração de 2009 como o "Ano do desenvolvimento rural e da prosperidade" na nossa república levou a uma mudança radical da situação urbana. Graças à nova política urbana, 966 aglomerados rurais do Uzbequistão receberam o estatuto de cidades urbanas. Tendo em conta a sua situação real atual, podem ser designadas por "agro-cidades" ou "cidades rurais".

O Quadro 4 mostra que o maior número de novas cidades foi criado na região de Fergana - 196. Existem também muitas povoações deste tipo nas regiões de Kashkadarya, Surkhandarya e Namangan - mais de uma centena em cada uma delas. Há menos cidades novas registadas na região de Syrdarya e na República de Karakalpakstan. O indicador mais elevado do nível geral de urbanização regista-se na região de Namangan - 64,3%. Este indicador é também superior à média nas regiões de Fergana e Andijan. As regiões de Khorezm, Surkhandarya, Samarkand e Bukhara são regiões relativamente pouco urbanizadas.

O processo de urbanização e o seu indicador final dependem normalmente da especialização da economia regional, da presença de factores urbanos. Deste ponto de vista, as áreas onde este indicador é ligeiramente mais elevado em Karakalpakstan e parcialmente na região de Navoi indicam não o potencial industrial, mas as condições limitadas para o desenvolvimento da agricultura intensiva nestes locais. Apenas na capital, a região de Tashkent, este indicador reflecte a realidade real, porque aqui, em comparação com outras regiões, os sectores industriais estão relativamente mais desenvolvidos. No entanto, aplicar esta conclusão às regiões de Namangan e Fergana não será correto.

Quadro 2.2.3

Novas cidades criadas no Uzbequistão em 2009

Áreas	Número de novas cidades	Indicador de urbanização (2013, %)
República do Uzbequistão	**966**	**51,2**
incluindo:		
República de Karakalpakstan	11	49,7
regiões:		
Andijan	78	52,8
Bukhara	60	38,5
Jizzakh	34	47,6
Navoi	30	50,1
Namangan	109	63,8
Samarcanda	76	38,8
Syrdarya	16	43,3
Surkhandarya	107	36,2
Tashkent	79	49,3
Ferghana	196	57,3
Khorezm	51	33,2
Kashkadarya	119	43,2

O quadro foi elaborado pelo autor.

A estrutura estrutural da economia nacional e regional também é claramente expressa pela rede e pelo sistema de cidades. Na maioria dos casos, o grande número de cidades, a presença de grandes cidades e aglomerações urbanas indicam o elevado potencial socioeconómico da região. De acordo com dados de 2013, existem 119 cidades e 1065 vilas na república. As regiões da República de Karakalpakstan (12), Kashkadarya (12) e Tashkent (16) distinguem-se pelo número de cidades. Ao mesmo tempo, a estrutura urbana regional das regiões de Jizzakh, Khorezm e Syrdarya, a sua rede não está bem desenvolvida nas regiões de Jizzakh, Khorezm e Syrdarya.

Devido ao facto de a economia se especializar principalmente na agricultura e na indústria transformadora, uma rede de pequenas cidades é muito comum aqui. Existem, nomeadamente, 17 grandes cidades (100.000 habitantes ou mais), 19 cidades médias (50-100.000 habitantes) e 69 cidades "semi-médias" (20-50.000 habitantes). Cada uma das restantes 1 063 cidades e vilas tem uma população inferior a 20 000 habitantes.

O Uzbequistão tem um total de 17 grandes cidades e 39,9% da população urbana da república corresponde a elas. Namangan, Samarkand, Andijan, Bukhara, Nukus e Karshi são as cidades que se seguem a Tashkent em termos de população. As cidades de Chirchik, Almalik, Angren, Ko'kan e Margilan têm, cada uma, mais de 100.000 habitantes. Atualmente, apenas 63.200 pessoas vivem em Gulistan, o centro administrativo da região de Syrdarya. Ao mesmo tempo, surgiram formas complexas do sistema territorial das cidades com base em grandes centros. Por exemplo, as aglomerações de Tashkent-Samarkand, Fergana-Margilan estão entre elas.

Com uma história rica, a forma "asiática" ou oriental de urbanização baseia-se na agricultura de regadio e na rede de cidades que lhe está associada. Por conseguinte, a história e a cultura do Oriente não podem ser imaginadas sem a agricultura de regadio, a unidade inseparável de aldeias e cidades e uma direção específica de urbanização. É por isso que a economia e o potencial demográfico da nossa república são constituídos principalmente pela agricultura e pela população rural.

II.3.Composição social e nível de qualidade da população do Usbequistão

A estrutura social da população da cidade é um dos elementos constitutivos da população da cidade e é um sistema de indicadores que reflecte as relações qualitativas e quantitativas dos diferentes grupos sociodemográficos que se formaram historicamente no território da cidade. Estes grupos podem ser divididos de acordo com os seguintes critérios: género, idade, nacionalidade, escolaridade, estado civil, etc. da população. Os critérios acima enumerados são também os principais indicadores que podem descrever a estrutura social da população da cidade. A população de qualquer cidade tem as suas próprias caraterísticas que reflectem a sua composição social e étnica única. Com base nisto, a cidade terá um carácter sócio-morfológico. O nível de qualidade da população é considerado uma das categorias socioeconómicas importantes e serve como um indicador sociodemográfico muito importante que descreve a estrutura das necessidades humanas e as possibilidades da sua solução. Em geral, o nível de qualidade da população é um indicador da capacidade de resolver as necessidades materiais, espirituais e sociais de uma pessoa. De seguida, apresentam-se os principais indicadores da qualidade de vida da população.

e rendimento da população (rendimento médio nominal e real per capita, montante mensal médio, valor médio e real do subsídio fixo, etc.);

& qualidade nutricional (teor calórico, composição dos produtos);

& conforto das condições de vida, e capacidade de satisfazer a moda e a qualidade do vestuário;

& qualidade dos cuidados de saúde (indicador de camas de hospital por mil habitantes);

& qualidade dos serviços sociais (sectores recreativo e de serviços);

e nível de ensino (a percentagem de estudantes no número de estabelecimentos de ensino superior e de estabelecimentos de ensino secundário especial);

& qualidade cultural (edição de livros, brochuras, revistas, jornais, etc.);

& qualidade do sector dos serviços;

e tendências demográficas (esperança de vida, taxas de natalidade, de mortalidade, de casamento e de divórcio);

É necessário fazer uma distinção entre a qualidade de vida da população e o nível de vida da população. Embora estes dois conceitos estejam próximos um do outro na forma, são fundamentalmente diferentes um do outro em termos de significado. Por exemplo, se a qualidade de vida da população tem como objetivo resolver as necessidades humanas, então o seu nível de vida explica-se da seguinte forma. O nível de vida da população é um conceito económico e é o nível que indica que a população dispõe dos recursos materiais e dos serviços necessários para si própria. Atualmente, o nível de vida da população é determinado pelo índice de desenvolvimento humano. Sabe-se que o índice de desenvolvimento humano é constituído por três componentes principais. Estes são o PIB per capita, a esperança de vida e o nível de escolaridade.

O Usbequistão é um país multiétnico. Dezenas de nacionalidades e povos vivem aqui, entre os quais os habitantes da região da Ásia Central: Uzbeques, Karakalpaks, Tadjiques, Turcomanos, Cazaques, Quirguizes, Uigures, Dungans; Há eslavos ocidentais e orientais: Russos, ucranianos, bielorrussos, polacos. Há muitos coreanos, iranianos, arménios, georgianos, azerbaijaneses, tártaros, bashkirs, alemães e judeus no Usbequistão.

A composição nacional da população da cidade mudou de acordo com os processos socioeconómicos que tiveram lugar em diferentes fases do desenvolvimento da sociedade. No final do século XIX e no início do século XX, registaram-se graves alterações na estrutura nacional da população da cidade. A ocupação da Ásia Central pela Rússia czarista e a deslocação dos cidadãos do império para o Turquestão é o principal fator que influenciou a diversidade da composição nacional da população de Tashkent. Entre 1868 e 1910, a população total da cidade aumentou 3,2 vezes, a dos uzbeques 2,4 vezes, a dos tártaros 3,1 vezes, a dos judeus 15,3 vezes e a dos russos 22,6 vezes.

Nos anos seguintes, a percentagem de grupos étnicos locais, principalmente uzbeques, na população diminuiu. Se em 1920 esta percentagem era de 65,6%, em 1959 desceu para 34,8%. Pelo contrário, a percentagem de russos aumentou de 23,6% para 42,5%. Os resultados dos recenseamentos da população realizados em 1920-59 reflectem os processos demográficos que ocorreram devido à Segunda Guerra Mundial. Durante este período, muitas evacuações de pessoas das zonas de guerra levaram a um aumento do número de russos na população.

Na segunda metade do século XX, a percentagem de uzbeques na população da capital voltou a aumentar e, pelo contrário, a percentagem de russos começou a diminuir. Os resultados da lista de 1970-79 atestam este facto. Se analisarmos a dinâmica de crescimento do número de russos que vivem no Uzbequistão, as taxas de crescimento mais elevadas correspondem a 1959-70. Durante este período, o crescimento médio anual foi de cerca de 3,5 por cento. Isto deve-se ao facto de, após o terramoto de 1966 em Tashkent, muitos russos e outras nacionalidades terem imigrado para a cidade devido à reconstrução da cidade e à criação de novos centros industriais.

No final do século XX, intensificaram-se as mudanças relacionadas com a estrutura nacional da população. Em particular, a população pertencente aos povos eslavos está a diminuir 2,5-3,5% todos os anos devido à migração. Em comparação com outras regiões da República do Uzbequistão, a composição nacional da população de Tashkent é diversificada. Enquanto a percentagem de uzbeques na população total é de 80% no Uzbequistão, este indicador é igual a 61,1% em Tashkent. As unidades administrativo-territoriais de Tashkent diferem umas das outras em termos de população total, crescimento natural e migração. Em especial, observam-se taxas de crescimento elevadas nos distritos de Almazor (Sobir Rahimov) 1,54%, Shaikhontohur 1,48%, onde os representantes da nacionalidade local constituem a maioria, e Yashnabad (Hamza) 0,6% e Yakkasaroy, onde os representantes da nacionalidade local são uma minoria, com indicadores baixos. 0,5% aplica-se aos distritos.

Para determinar o nível de vida e o estilo de vida dos residentes urbanos do Uzbequistão, foi realizado um inquérito social no bairro "Sharq Haqikat" do distrito de Yunusabad, na cidade de Tashkent. 110 inquiridos participaram no inquérito social. Os inquiridos participantes pertenciam a diferentes grupos etários e responderam às perguntas na íntegra e expressaram as suas sugestões. No inquérito social, as mulheres tinham a maioria em relação aos homens. O nível de instrução mais elevado nas perguntas do inquérito era constituído por pessoas com o ensino secundário.

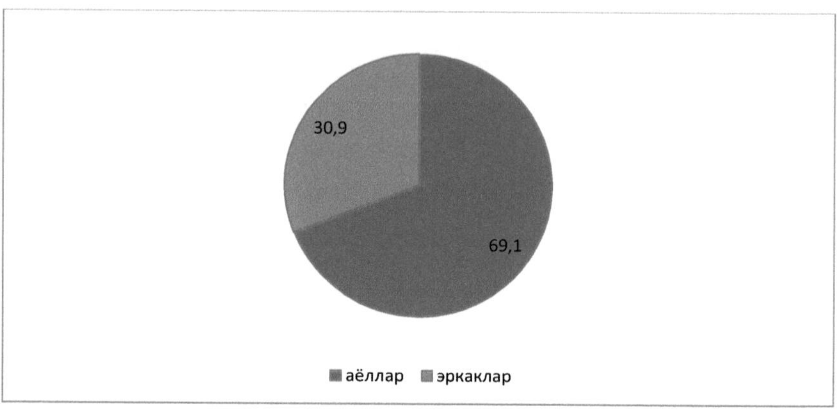

Na pergunta sobre o seu estado civil, participaram maioritariamente pessoas casadas e pessoas que ainda não constituíram família. De acordo com a análise dos resultados do inquérito, prevê-se que a taxa de natalidade da população da cidade aumente nos próximos anos, pois quando questionados sobre o número de filhos que é melhor ter na família, em média, as mulheres e os homens disseram quatro ou cinco filhos, o que é um sinal de que somos uma nação jovem. O seu rendimento é suficiente para satisfazer as suas necessidades? A principal razão que leva a maioria da população a comprar no mercado é o facto de ser possível chegar a acordo sobre o preço, baixá-lo, torná-lo mais barato e regatear. Esta comodidade não está disponível no supermercado, mas também existem produtos de qualidade nos mercados e a compra é efectuada semanalmente.

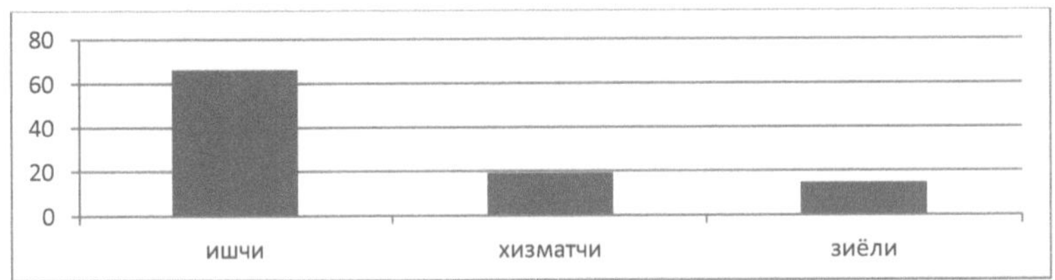

Está satisfeito com o seu local de trabalho atual? deram uma resposta média à pergunta. A maioria dos inquiridos trabalha em organizações privadas e o seu escritório fica longe. Que meio de transporte utiliza para se deslocar para o trabalho? 65% responderam que utilizam o trajeto. Relativamente à questão da prestação de serviços médicos, determinaram que esta se situava a um nível médio. Quando se perguntou a razão, foi referido que o pessoal médico que trabalha na policlínica não tem experiência suficiente. Qual é o estado do ambiente na sua cidade? Foi dada uma resposta intermédia à pergunta. Já viajou para cidades ou para a natureza no Uzbequistão? 60 % dos inquiridos escolheram as cidades como resposta à pergunta.

Nível de educação dos inquiridos.

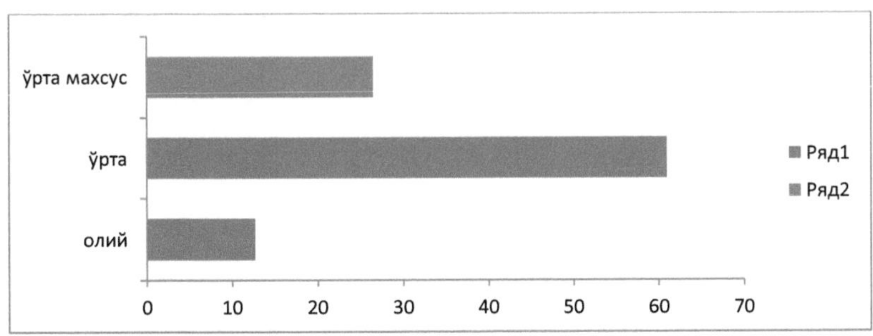

De acordo com a conclusão do inquérito social realizado, o aumento natural da população pode ser observado nos anos seguintes. Quantos filhos acha que deve ter uma família? 80 por cento dos inquiridos deram 4-6 respostas à pergunta.

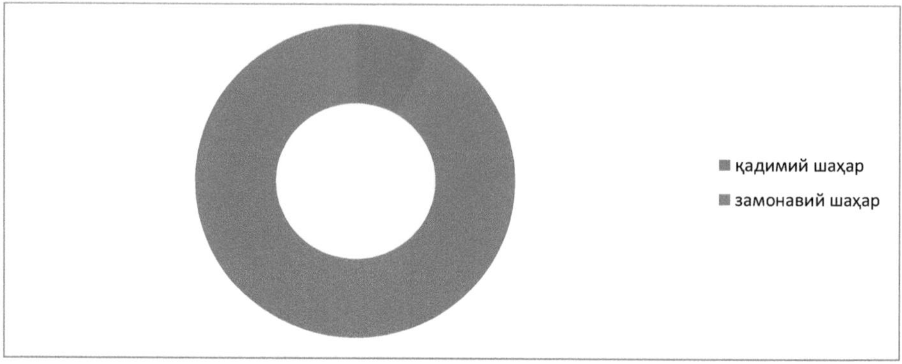

Foram feitas muitas sugestões pelos participantes no inquérito. As pessoas que expressaram essas sugestões pertenciam a diferentes faixas etárias e, entre elas, a população ativa expressou principalmente as suas sugestões gerais sobre a criação de novas vagas, o aumento da produção na cidade onde vivem e a necessidade de os veículos de transporte de passageiros que circulam na cidade chegarem às estações a tempo.

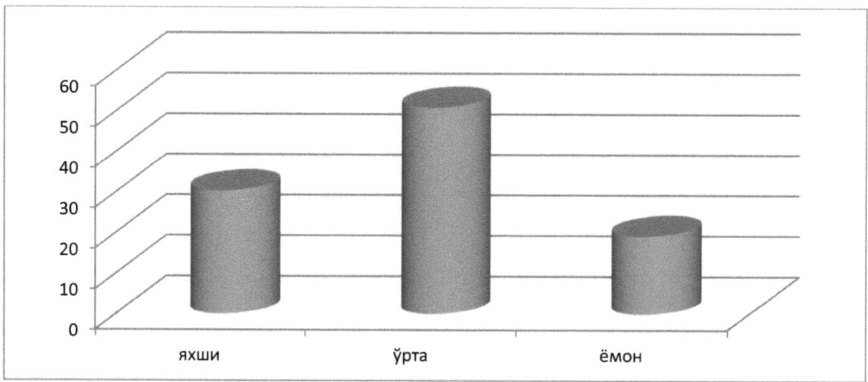

A maioria da população com mais de 50 anos mencionou a criação de sanatórios baratos para tratamento e a criação de habitações económicas para os seus filhos e netos.

CAPÍTULO III. PRINCIPAIS PROBLEMAS DO CRESCIMENTO DA POPULAÇÃO URBANA NO UZBEQUISTÃO

III.1. O impacto das infra-estruturas sociais da cidade no estilo de vida dos seus habitantes

Atualmente, o processo de produção sem infra-estruturas sociais parece impossível. Trata-se de um dos principais indicadores do nível de desenvolvimento da esfera social. Por exemplo, a experiência mundial mostra que o aumento do nível de educação da população leva a uma maior atração de investimentos estrangeiros. Isto leva a um aumento da população economicamente ativa na sociedade e a um aumento de novos empregos. A capacidade de adquirir novos conhecimentos, a elevada qualificação, a iniciativa e o pensamento social são um dos principais factores neste momento. Em geral, existem muitas esferas sociais, o principal fator na criação do produto nacional bruto nos países desenvolvidos é a emergência de todas as esferas sociais, e o centro de desenvolvimento são estas cidades. As cidades são lugares onde muitos serviços são oferecidos às pessoas, são criados e novas infra-estruturas são formadas. As cidades são consideradas como a fonte do desenvolvimento social e científico, e têm um grande impacto no bem-estar das pessoas e da sociedade de um ponto de vista prático. Em geral, a infraestrutura é um conceito amplo. A infraestrutura pode incluir um certo nível de integração de organizações e empresas. A atividade desta associação deve ter uma direção clara, ou seja, será orientada para a criação de condições suficientes para um trabalho de qualidade nas áreas de produção e, por conseguinte, para que as pessoas tenham uma vida normal. Em termos de conteúdo, a infraestrutura é um conjunto de redes destinadas a satisfazer as necessidades da população. Estes complexos formam-se primeiro nas cidades e depois começam a espalhar-se por outros pontos populacionais. A principal razão para a formação de infra-estruturas nas cidades está relacionada com a população, ou seja, a população é o fator mais importante na formação e desenvolvimento de infra-estruturas aqui. O número de infra-estruturas e a sua diversidade está intrinsecamente dependente do número da população da cidade. As grandes e grandes cidades têm mais infra-estruturas e serviços do que as cidades médias e pequenas. Por exemplo, nas grandes cidades, podem ser constituídas as seguintes infra-estruturas de base: sociais, de transporte, de engenharia, de construção, financeiras, informacionais, militares, inovadoras, de mercado, etc. A infraestrutura social é uma combinação de empresas e redes responsáveis pela boa vida da população. A infraestrutura social pode incluir a construção de habitações, habitações pré-fabricadas, instalações sociais e culturais, sectores da habitação e da economia comunal, cuidados de saúde, educação, sector dos serviços, recreação, instalações desportivas, transportes públicos e muitos outros sectores. O processo de desenvolvimento desta infraestrutura aumentou drasticamente nos países economicamente desenvolvidos em meados do século XX e começou a desenvolver-se gradualmente. A infraestrutura social pode ser dividida em duas partes: sócio-doméstica e sócio-cultural.

A infraestrutura social e doméstica é concebida para satisfazer as necessidades humanas e criar todas as condições para as suas actividades de vida. As infra-estruturas socioculturais contribuem para o desenvolvimento espiritual, educativo e intelectual de uma pessoa. Atualmente, todas as povoações do Uzbequistão prestam grande atenção ao desenvolvimento das infra-estruturas existentes e à formação de novas indústrias. Afinal, é necessário não esquecer que o desenvolvimento da esfera social é o aumento do bem-estar das pessoas. A infraestrutura de transportes é uma combinação de empresas e indústrias que transportam e servem pessoas e bens diretos (produtos). Não é segredo que o papel do transporte é muito importante hoje em dia. O bem-estar económico do país depende também do desenvolvimento do sector dos transportes. É por isso que as infra-estruturas de transportes são um dos sectores mais importantes. A importância dos transportes, nomeadamente para as cidades, é incomparável. Note-se que os tipos de transporte também aumentam em proporção à população. Por exemplo, uma cidade relativamente pequena pode ter um ou dois meios de transporte diferentes. A razão para este facto é a pequena população. E nas grandes cidades, os tipos de transporte e os seus utilizadores CONTINUIDADE Foi assim que se formou e começou a crescer a maior parte das cidades históricas que existem atualmente. Um exemplo disto é Tashkent, Samarkand, Bukhara, Khiva, Urganch, Termiz e outras cidades do nosso país. O papel da antiga rota das caravanas - a Grande Rota da Seda - no desenvolvimento destas cidades é incomparável. Como se pode ver, as relações de mercado são um fator muito importante para o destino de cada cidade, e o desenvolvimento das cidades é impensável sem elas. Para além das infra-estruturas acima referidas, a construção inovadora e as infra-estruturas militares também têm impacto no estilo de vida dos habitantes das cidades. À medida que a população da cidade aumenta, esta começa a sentir a necessidade de novas redes e sectores de infra-estruturas. A ausência de tais infra-estruturas ou o seu desenvolvimento lento atrasa o desenvolvimento das cidades e causa muitos problemas. Um desses problemas urgentes é o de assegurar o conforto do modo de vida. Atualmente, toda a humanidade se vê confrontada com o problema de resolver este problema, ou seja, melhorar o ambiente de vida da população, aumentando a sua comodidade e conforto. O conforto do ambiente de vida é entendido como um sistema baseado na satisfação das necessidades humanas. O foco principal é a qualidade de vida. As consequências negativas associadas ao aumento do nível de urbanização são visíveis em muitos centros populacionais. As cidades crescem e desenvolvem-se devido a um processo de urbanização correto. Neste caso, o papel da urbanização é incomparável. Se o processo de urbanização está a desenvolver-se rapidamente nas cidades, isso significa que a cidade cumpriu a sua "tarefa", mas precisamente devido à urbanização, a vida nas cidades descarrilou, a carga sobre as infra-estruturas aumentou, os problemas relacionados com a população aumentaram, o congestionamento e a tensão na cidade apareceram, etc. podem ocorrer problemas negativos. A julgar pelo que precede, o processo de urbanização pode ser dividido em dois grupos no quadro do seu impacto na cidade e na população. O primeiro é chamado de urbanização ordenada, em que várias medidas são consideradas e implementadas a fim de trazer alívio para a população e a cidade. Por exemplo, em todas as grandes cidades do nosso país, o processo de urbanização está a decorrer, e esta situação está a fazer com que o desenvolvimento das nossas cidades se torne cada vez mais bonito todos os anos. O segundo grupo é chamado de urbanização irregular, que é um processo de urbanização que ocorre como resultado de um aumento acentuado no fluxo de pessoas para a cidade e o surgimento de muitos problemas nas cidades, o mais interessante dos quais é que ninguém controla esses problemas. Como resultado desta urbanização, as infra-estruturas urbanas podem sofrer ou mesmo falhar. Por outro lado, as infra-estruturas sociais, que se tornaram um fator direto de aumento da eficiência da produção social, não podem desenvolver-se a um ritmo sustentável.

Para implementar o princípio da "produção para consumo" de acordo com os interesses de toda a sociedade, a sociedade deve planear este rácio.

Por conseguinte, é importante estudar a relação entre a produção primária e as infra-estruturas sociais. Analisando a interdependência da infraestrutura social e da produção material, é de notar que a produção material e a infraestrutura social, no âmbito dos seus objectivos funcionais, visam o desenvolvimento da economia e da cultura e aumentam o bem-estar da população. As redes de infra-estruturas sociais contribuem para o crescimento económico a longo prazo, participando ativamente na formação do potencial intelectual, espiritual e físico da força de trabalho. O desenvolvimento do seu lugar e papel no processo reprodutivo permite-nos analisar os conceitos de infraestrutura social, o que nos permitiu determinar algumas abordagens, estudar o mecanismo da sua formação. Aqui é muito importante estudar as condições objectivas para o desenvolvimento e colocação da infraestrutura social. O estudo dos problemas da infraestrutura social no processo de desenvolvimento territorial é também de grande importância. No programa de desenvolvimento social do país, aumentar o rendimento da população, expandir a construção de habitação e melhorar a qualidade da habitação; expandir o volume e os tipos de serviços domésticos; melhoria do sistema de educação social escolar, superior e secundária; melhorar os cuidados de saúde; O bem-estar de diferentes grupos sociais é o desenvolvimento abrangente da cultura.

Na nossa opinião, os pontos de partida para determinar a composição da infraestrutura social e a ligação com estes conceitos são a sua importância funcional, que se caracteriza pela criação de condições gerais para a vida da população, destinadas a satisfazer de forma óptima as necessidades materiais e espirituais de uma pessoa. O nível de desenvolvimento do sector dos serviços tem um grande impacto no nível de vida da população, visando reduzir o tempo gasto em tarefas domésticas e aumentar o tempo livre para o desenvolvimento espiritual e físico de uma pessoa. Atualmente, as relações industriais no domínio dos serviços de habitação estão a considerar a questão do desenvolvimento das infra-estruturas sociais. Os serviços domésticos para a população fazem parte dos sistemas económicos nacionais destinados a satisfazer as várias necessidades vitais. O desenvolvimento científico e tecnológico da sociedade leva a um rápido aumento do papel do fator humano. O desenvolvimento das infra-estruturas sociais determina em grande parte a melhoria do nível de vida da população, bem como o nível de educação, cultura, saúde física e estabilidade psicológica da população, especialmente nas condições do ritmo de produção. Tudo isto leva a que os economistas prestem cada vez mais atenção ao problema da utilização do potencial das infra-estruturas sociais e à determinação de formas eficazes de melhorar ainda mais as condições de vida da população. Existe uma relação entre as infra-estruturas sociais e as condições de vida e, antes de mais, é necessário clarificar as tarefas e funções das infra-estruturas sociais na formação do nível de vida. Estas podem ser definidas da seguinte forma:

- assegurar o nível necessário de produção da força de trabalho da população, a sua ligação com os problemas gerais de desenvolvimento da produção material;

- criar condições para o desenvolvimento global de uma pessoa com base numa determinada estrutura de valores do consumidor;

A infraestrutura social contribui para a formação das caraterísticas físicas, espirituais e intelectuais de uma pessoa (através do ambiente cultural-educativo), como uma pessoa economicamente ativa que cumpre determinados requisitos sociais no que diz respeito à qualidade da sua força de trabalho. Na estrutura das infra-estruturas sociais, distinguem-se as seguintes componentes: habitação, economia comunal, serviços domésticos para a população, comércio e restauração pública, transportes de passageiros e comunicações para os serviços comunais, etc. As infra-estruturas socioculturais incluem os cuidados de saúde, as instalações recreativas, a educação física e o desporto, a segurança social, a educação, a cultura e as artes, etc. Os serviços culturais e domésticos tornaram-se uma necessidade objetiva para manter as funções vitais da sociedade e assegurar o desenvolvimento económico. No processo de desenvolvimento histórico, com o aprofundamento da divisão social do trabalho, são criados novos tipos de actividades no domínio da produção e dos serviços sociais, tendo o número total de objectos de infra-estruturas sociais aumentado no final da década de 90.

No século XX, aumentou o papel da infraestrutura social na formação dos factores de proporção e qualidade da reprodução social, na expansão do âmbito da atividade económica e no desenvolvimento da principal força produtiva da sociedade - a população. A percentagem de serviços prestados pela infraestrutura social é 1/4 do consumo total de bens materiais e serviços. O nível de desenvolvimento das infra-estruturas sociais depende da criação de condições de vida para a população, do trabalho e do lazer, dos cuidados de saúde e da melhoria das competências culturais, educativas e profissionais da população. As teorias económicas das infra-estruturas derivam do estudo do capital social, através do qual se faz a distinção entre os custos dos capitalistas e os custos sociais muito mais elevados da produção de bens. O desenvolvimento do capital social ou da economia externa é realizado devido ao efeito benéfico de outras instituições de produção (educação, cuidados de saúde), ou seja, a atividade de infraestrutura social. O capital social (ou infraestrutura social) inclui oportunidades que não podem ser alcançadas pelos sectores de produção da economia e fornece todos os serviços públicos, em particular, ordem pública, educação, cuidados de saúde, transportes, comunicação, etc. Na ciência estrangeira, surgiram vários trabalhos sobre a teoria das infra-estruturas sociais no final dos anos 60 e início dos anos 70. Uma interpretação comum da infraestrutura social consiste em abordá-la como um elemento do capital e da riqueza. A infraestrutura social inclui áreas de atividade humana, que são uma condição necessária para o desenvolvimento da economia de um país ou região, pelo que os investimentos em infra-estruturas devem preceder a produção. Um pré-requisito para a criação e funcionamento da infraestrutura social é determinar o tempo mínimo dos serviços e os valores dos objectos (as estruturas pequenas são frequentemente ineficientes), bem como a concentração mínima das estruturas de infraestrutura. O nível de desenvolvimento das infra-estruturas sociais é um indicador das caraterísticas específicas de uma determinada economia e um fator importante na localização da indústria. Segundo os investigadores estrangeiros, a política económica regional deve apoiar financeiramente as infra-estruturas sociais. Uma parte significativa destas actividades é muito intensiva em capital e exige um retorno a longo prazo, pelo que a parte do Estado nos programas de infra-estruturas dos países desenvolvidos é tradicionalmente elevada. Por exemplo, é definido como o objetivo mais importante do plano básico de desenvolvimento económico e social do Japão para o período 1973-77. A infraestrutura social é frequentemente reduzida ao sector dos serviços, porque é uma combinação de redes com um objetivo funcional comum, que serve para satisfazer as necessidades de serviços da população. As possibilidades de a infraestrutura social criar tais condições dependem da força do seu potencial económico, determinado pelo seu estado e dinâmica actuais, pelas reservas e recursos disponíveis. A infraestrutura social é um elemento estrutural do complexo económico, uma componente das suas estruturas funcionais e territoriais. Com base no conceito de infraestrutura social, formada por empresas, instituições, organizações e estruturas que constituem a base material dos processos sociais, afecta o desenvolvimento da infraestrutura social, mas não tem potencial económico.

O principal componente do potencial económico da infraestrutura social é o principal meio (edifícios e estruturas, estradas de comunicação, linhas de comunicação, etc.), equipamento técnico de edifícios, estruturas e comunicações. O valor dos principais meios da infraestrutura social é mais de um terço do valor dos principais fundos da economia. A infraestrutura social é um elemento estrutural do complexo económico e forma as suas estruturas funcionais e territoriais. A estrutura funcional reflecte a composição e as proporções dos grupos de objectos que desempenham determinadas funções no complexo económico. O desenvolvimento da infraestrutura social tem, em primeiro lugar, aspectos territoriais, uma vez que cria condições para satisfazer as necessidades da população e da produção numa determinada área, pelo que esta categoria é generalizada na economia da região. reflecte as relações industriais relacionadas com a atividade de vários objectos destinados a criar condições gerais de prestação. A infraestrutura social como um complexo de sectores de serviços é interpretada do ponto de vista do modelo macroeconómico de todo o complexo económico. O estudo do complexo de objectos e do complexo industrial está relacionado entre si, porque as relações do nível acima mencionado dos sectores industriais se reflectem nas relações mútuas dos objectos incluídos num determinado sistema territorial. Nas redes estão a ser resolvidos problemas importantes de desenvolvimento de infra-estruturas sociais, nomeadamente a melhoria da eficiência socioeconómica dos processos de prestação de serviços, sem a qual é impossível propor uma estratégia óptima para o desenvolvimento de objectos localizados numa determinada área.

Existe uma associação territorial nas infra-estruturas sociais e na fixação da população

A distribuição dos elementos individuais distingue as formas lineares (caminhos-de-ferro, auto-estradas, linhas de comunicação, etc.) e pontuais (objectos individuais - escolas, clubes, hospitais, etc.) de infra-estruturas sociais.

O estado das infra-estruturas sociais determina a capacidade de atração interna das povoações. As diferenças regionais no nível de vida da população reduzem a eficiência socioeconómica da divisão regional do trabalho, abrandam o desenvolvimento das forças de produção das regiões e do país como um todo. A localização da infraestrutura social desempenha um papel importante na organização espacial da produção social, em particular, na formação de complexos regionais de produção, na criação de condições para a estabilização dos recursos de trabalho, na expansão do âmbito da utilização do trabalho e na regulação dos processos de migração. Um dos principais requisitos da infraestrutura social como subsistema territorial é a complexidade absoluta, ou seja, é necessário desenvolver todas as relações simultaneamente de forma mutuamente acordada. Uma vez que a infraestrutura social cria condições para satisfazer as necessidades gerais da população, as diferenças regionais não são em termos de conteúdo, mas na direção da infraestrutura social. A eficácia da infraestrutura social é determinada pelos indicadores sociais do desenvolvimento da sociedade e reflecte-se na criação de condições adequadas para a vida humana e na melhoria da força de trabalho total para aumentar a produtividade do trabalho social e a eficiência económica da produção.

Distingue os aspectos económicos e sociais inter-relacionados de uma organização territorial eficaz das infra-estruturas sociais.

Do ponto de vista económico, a localização racional das infra-estruturas sociais cria condições para a utilização eficaz de todas as combinações de recursos, que constituem a base do desenvolvimento social em geral. Por sua vez, a plena consideração das necessidades da população permite melhorar a prestação de serviços culturais e domésticos. A satisfação de certas necessidades de certas regiões exige custos diferentes, pelo que a formação de infra-estruturas sociais regionais é uma tarefa urgente da sua reorganização. De uma forma generalizada, o critério para a colocação de infra-estruturas sociais é, em primeiro lugar, a conveniência da localização territorial dos objectos. Todos os factores que afectam a localização e o desenvolvimento da infraestrutura social estão divididos nos seguintes grupos, dependendo da sua origem e composição socioeconómica: económico, demográfico, social, urbanístico, natural-climático e condições de vida atípicas (aleatórias ou de mercado). Um conjunto de diferentes factores que determinam as diferenças regionais na infraestrutura social divide-se em factores que determinam diretamente a criação de uma rede de objectos e factores que determinam a necessidade de serviços sociais, ou seja, têm um efeito indireto, em particular, o nível de formação de sistemas de alojamento e produção material no desenvolvimento da infraestrutura social através do sistema de necessidades humanas e relações de distribuição. o nível de desenvolvimento é importante.

III.2. Problemas sociais dos habitantes das cidades

Os problemas sociais das cidades são muito diversos. O transporte público urbano é uma das instituições sociais importantes da sociedade moderna, parte integrante da infraestrutura social das cidades. Estes transportes asseguram o transporte de vários grupos sociais da população, incluindo os pobres, a integridade territorial das cidades e o acesso a todos os elementos da economia urbana. Por sua vez, o desenvolvimento das cidades, o aumento da população e a grande necessidade de comunicações de transporte estão a provocar alterações na instituição dos transportes públicos. O'atto E. Durkheim afirmou que a explicação sociológica provém da análise da dependência do fenómeno social em relação ao meio social. Segundo ele, a função de um fenómeno social ou de uma instituição é estabelecer uma correlação entre esta instituição e as necessidades específicas da sociedade no seu conjunto.

Um dos institutos sociais para projectos de estúdio e investigação de transportes públicos urbanos, os resultados da infraestrutura social urbana são melhorados. Proporciona transporte para os grupos sociais que têm como alvo a população residencial, incluindo os pobres, a integridade territorial das cidades e o acesso ao sistema económico das cidades. Por outro lado, os locais de interesse das cidades, o aumento e os locais que conduzem às comunicações de transporte, o acesso às entradas da instituição de transporte público através do grande não. Até mesmo a descrição de E. Durkheim, a explicação sociológica da sociedade e a análise da inter-relação do ambiente social são derivadas. Co-pensar, um fenómeno social ou a tarefa de o atribuir é uma relação importante da instituição e de toda a sociedade.

Assim, o transporte público urbano como instituição social é uma forma estável e historicamente formada de organização de actividades conjuntas de pessoas, expressas com a ajuda de estatutos e papéis, normas e sanções sociais, organizações sociais, que surgiram para satisfazer as necessidades sociais das pessoas na deslocação e garantia de mobilidade na cidade. As instituições raramente permanecem inalteradas durante longos períodos de tempo. As condições que as afectam estão em constante mudança. O ambiente físico impõe certos requisitos, cujo cumprimento é uma condição necessária para a sobrevivência do sistema. É evidente que, durante o período de reconstrução, ocorrerão mudanças fundamentais no sistema de instituições sociais e mudanças inevitáveis no domínio das normas sociais. A perturbação da instituição social e da interação normativa conduz à disfunção da instituição social em que a sociedade actua. O desejo de se afastar das abordagens tradicionais (económicas, políticas, técnicas) ao considerar os transportes públicos como uma instituição social está relacionado com a recente substituição das funções dos transportes públicos por disfunções. Enquanto instituição social, o transporte coletivo deixa de cumprir a sua missão principal: satisfazer as necessidades de deslocação da população. Se a instituição não cumprir as suas funções específicas, será definitivamente regulamentada.

O processo seguinte cria um desejo de substituir a instituição existente por outras instituições (maioritariamente informais). As funções de longa data das instituições sociais têm um impacto negativo na formação moral de uma pessoa. A deformação da instituição dos transportes públicos na Rússia moderna leva ao facto de os transportes públicos perderem o seu significado como "públicos", concebidos para transportar um grande número de passageiros ao mesmo tempo. Os transportes públicos já não cumprem uma função social geral, mas transformam uma função de estratificação (transporte dos beneficiários, dos pobres) ou uma função comercial (transporte por táxis dirigidos) num objeto de interesses económicos, num meio de lucro e numa luta pelo poder. O declínio do papel dos transportes públicos (em comparação com os carros particulares ou de empresa), o seu custo e a estratificação social aprofundam a desigualdade social. Este facto cria tensões sociais, indica uma mudança negativa na posição da instituição de transportes públicos nos transportes públicos, a perda de confiança e de respeito pelo público. Nos países ocidentais desenvolvidos, pelo contrário, a organização e o desenvolvimento dos transportes públicos reduzem a desigualdade social e material existente entre as pessoas. Assim, uma mudança na função das instituições sociais conduz inevitavelmente a uma mudança qualitativa no sistema normativo, a uma mudança nas próprias normas sociais e, consequentemente, a uma mudança na atitude das pessoas em relação a elas, a uma mudança na consciência pública, à sua estrutura significativo-motivacional. T. Parsons sublinhou que as instituições são um fator decisivo de integração e estabilização da sociedade. A importância dos transportes públicos como meio de regulação da vida pública está a aumentar de dia para dia. A disponibilidade e a qualidade dos transportes públicos na cidade, bem como muitos benefícios sociais, determinam tanto o nível real de vida como o clima social. Para cumprir a sua função pública, os transportes públicos devem não só ser reconhecidos como uma estrutura vital da cidade, desempenhar uma função social para satisfazer as necessidades de muitas pessoas em trânsito, mas também passar por um processo de melhoria radical baseado na utilização dos últimos avanços da ciência e da tecnologia. Regras, desenvolvimento de um conceito estratégico geral de desenvolvimento. A cidade é demasiado grande para que os transportes públicos sejam deixados à mercê da importância social e dos comerciantes com fins lucrativos. A sociedade não deve, e o Estado não tem o direito de privar os habitantes da cidade das liberdades e dos benefícios económicos, ambientais, democráticos e pessoais que os transportes públicos urbanos modernos proporcionam.

Problemas das grandes cidades. No processo de desenvolvimento histórico, as pessoas instalam-se e fixam-se no planeta, nos países, nas regiões. A distribuição das pessoas é influenciada por diferentes factores: condições climáticas, ambiente geográfico e recursos naturais. Com a ajuda deles, uma pessoa domina uma determinada área. É necessário distinguir objetivamente as pessoas no processo de deslocação para as suas residências. A divisão do trabalho social, agrário e artesanal, realizada em conjunto com a divisão das pessoas com base na desigualdade social, desempenhou um papel especial. Esta situação afectou seriamente a natureza e as caraterísticas das povoações.

As principais direcções do desenvolvimento residencial na sociedade moderna são criadas pelas leis da concentração e pelos tipos de actividades em constante expansão. Meios mais avançados de transmissão e armazenamento de informação, comunicação compacta e ligações criam uma oportunidade para uma organização territorial radicalmente nova da vida humana. Esta situação implica a transição dos antigos aglomerados populacionais, sob a forma de cidades antigas e povoações, para novas cidades, entre as quais se destaca a localização de grandes cidades - cidades de aglomeração. Esta situação está sobretudo relacionada com a necessidade de produção social e com a concentração de trabalhadores e comunidades sociais, estratos que asseguram não só a produção, mas também a esfera de atividade não produtiva. A cidade, enquanto sistema de deslocação de pessoas, opõe-se ao campo quase desde a sua criação. Com o desenvolvimento da produção social, a população urbana está a tornar-se mais diversificada e versátil, o que leva a um aumento da população urbana numa área limitada.

À medida que o desenvolvimento social progride, sob a influência de processos objectivos, o papel das cidades está em constante crescimento, o seu estatuto está a aumentar e, ao mesmo tempo, o papel social dos habitantes das cidades está a crescer.

A elevada concentração da produção industrial, a existência de um enorme território, o lado espacial da urbanização manifesta-se devido à natureza estreita do desenvolvimento das regiões, ou seja, o rápido desenvolvimento das cidades localizadas principalmente nelas.

O crescimento das grandes cidades está associado a mudanças técnicas fundamentais e a mudanças estruturais na economia. A transição para as novas tecnologias leva à transformação das cidades milionárias em megacidades. É mais útil organizar nelas a produção e o comércio, os complexos científicos, culturais e educativos. Têm uma produtividade social elevada.

A vida em megagaps altera radicalmente a perceção que uma pessoa tem da natureza e da sua psique. Isto pode ser perigoso para o futuro da humanidade. As condições de vida nas grandes cidades são basicamente contrárias à adaptação genética humana. No início da antropogénese, as pessoas viviam em grandes famílias ou pequenas comunidades: todos estavam à vista. Viviam em condições de entreajuda e não de competição. Tudo isto criou um certo estereótipo psicológico e uma atitude psicológica que serviu de fonte de saúde psicológica e desenvolveu um sentido de unidade das pessoas com a natureza. Este estilo de vida durou pelo menos dois milhões de anos. O indivíduo está a debater-se com a realidade urbana porque esta cria coisas que não são biológicas para as pessoas. Beber, fumar, drogas, jogos de azar, vandalismo, crime, prostituição, etc. - é um tipo diferente de protesto que leva ao crime. Isto observa-se mais nas zonas urbanas do que nas zonas rurais.

Podem distinguir-se os seguintes problemas prioritários para o desenvolvimento das grandes cidades:

A infraestrutura social inclui sectores da economia que satisfazem as várias necessidades da população. É neste domínio que a situação financeira de uma pessoa, a educação, a recreação e as pessoas felizes aumentam a produtividade dos trabalhadores e as competências dos trabalhadores - maior tempo livre. A importância da esfera social reside no facto de ajudar a poupar o tempo gasto na satisfação das necessidades e aumentar a duração do tempo livre. Sem redes de infra-estruturas sociais, o processo de produção torna-se impossível. O nível de desenvolvimento da esfera social determina a qualidade de vida e é um dos principais indicadores do nível de desenvolvimento humano em geral.

A experiência internacional mostra que o nível de educação e a atividade económica da população contribuem para o afluxo de investimentos estrangeiros. A aquisição de novos conhecimentos, a alta qualificação, a iniciativa e o pensamento criativo estão a ganhar cada vez mais vantagem nas condições modernas. O turismo é uma fonte de reposição dos orçamentos estatais e locais, um meio de recreação e recuperação barato e completo. O sector do turismo representa um décimo do PIB mundial. Prevê-se que as receitas do turismo aumentem 1% durante a próxima década.

III.3. Previsão do crescimento demográfico do Uzbequistão

De acordo com o Comité Estadual de Estatística da República do Uzbequistão, o número de residentes permanentes em nosso país atingiu 33 milhões 254,1 mil pessoas em 1º de janeiro de 2019. Em comparação com 2018, a população aumentou em 597,4 mil pessoas, ou seja, em 1,8 por cento.

Em particular, a população urbana era de 16 milhões 805 mil pessoas (50,5% da população total), a população rural era de 16 milhões 449,1 mil pessoas (49,5%).

No ano passado, o número de nados-vivos foi de 768.300, tendo sido registados 154.700 óbitos. Foram registados 311.400 casamentos e 32.300 divórcios nos serviços do FODYo.

Indicadores analíticos da densidade populacional: 74,1 pessoas por 1 km2. No Usbequistão, as zonas mais densamente povoadas são Andijan (713,2 pessoas por 1 km2), Fergana (544,8 pessoas) e Namangan (370,0 pessoas). O indicador de densidade populacional mais baixo corresponde à região de Navoi (8,8 pessoas) e à República do Orakalpaquistão (11,2 pessoas).

De acordo com os dados preliminares, em 1 de janeiro de 2019, 30,3 por cento da população permanente da república estava em idade ativa, 59,5 por cento em idade ativa e 10,2 por cento em idade ativa.

Os funcionários da ONU prevêem que a população do Uzbequistão irá aumentar. Cientistas das Nações Unidas realizaram um estudo e mostraram o crescimento da população da República do Uzbequistão nos próximos anos, bem como em meados e no final do século XXI. Ao anunciar as estatísticas calculadas, os representantes da ONU sublinharam que não é necessário falar sobre as conclusões dos cientistas e a elevada exatidão dos dados. No entanto, de acordo com os resultados da investigação, a população do Uzbequistão irá aumentar nos próximos anos. Além disso, em meados do século XXI (cerca de 2050), o número de uzbeques atingirá 41 milhões de pessoas. De acordo com os cientistas, este número atingirá um pico e, depois de atingir esta população, a população do Uzbequistão diminuirá nos anos seguintes.

Com base nos indicadores, os representantes da ONU publicaram um relatório sobre a esperança média de vida da população usbeque nas próximas décadas. Prevêem um crescimento positivo deste indicador e o seu aumento durante 10 anos. Ou seja, dentro de algumas décadas, a esperança média de vida da população do Uzbequistão atingirá os 75 anos.

De acordo com o Comitê Estadual de Estatística da República do Uzbequistão, o número de residentes permanentes em nosso país atingiu 33 milhões 254,1 mil pessoas em 1º de janeiro de 2019. Em comparação com 2018, a população aumentou em 597,4 mil pessoas, ou seja, em 1,8 por cento.

Em particular, a população urbana era de 16 milhões 805 mil pessoas (50,5% da população total), a população rural era de 16 milhões 449,1 mil pessoas (49,5%).

No ano passado, o número de nados-vivos foi de 768.300 e foram registados 154.700 óbitos. Foram registados 311.400 casamentos e 32.300 divórcios nos serviços do FODYo.

Indicadores analíticos da densidade populacional: 74,1 pessoas por 1 km2. No Usbequistão, as zonas mais densamente povoadas são Andijan (713,2 pessoas por 1 km2), Fergana (544,8 pessoas) e Namangan (370,0 pessoas). O indicador de densidade populacional mais baixo corresponde à região de Navoi (8,8 pessoas) e à República de O'Oraqalpakistan (11,2 pessoas).

De acordo com os dados preliminares, em 1 de janeiro de 2019, 30,3 por cento da população permanente da república estava em idade ativa, 59,5 por cento em idade ativa e 10,2 por cento em idade ativa.

De acordo com os dados relativos à migração, a natureza política e social do fator humano no processo de migração depende do nível de desenvolvimento socioeconómico, político e cultural da sociedade e reveste-se de especial importância. A primazia do papel do fator humano no processo de migração tem o estatuto de uma legalidade com base científica e tornou-se um fator importante no desenvolvimento da sociedade. O movimento migratório da população resulta da interação de vários factores e razões. Entre as razões que obrigam as pessoas a deslocarem-se de um local para outro, as mais importantes são as razões económicas e sociais, ou seja, o desemprego, a procura de um emprego decente, a obtenção de educação superior e secundária, bem como os efeitos negativos do clima, a insatisfação com as condições materiais, culturais e domésticas e os efeitos das condições familiares. Os processos de migração têm sempre consequências positivas ou negativas como um processo objetivamente necessário em todos os países. Assim, o movimento da população através dos territórios é designado por migração da população, e as pessoas que participam na migração são designadas por migrantes. Os migrantes, pela sua própria natureza, são membros empreendedores e dinâmicos da sociedade. Se olharmos para a história, a migração conduziu ao crescimento económico e ao enriquecimento das culturas das nações. Por exemplo, a descoberta do continente americano ou a exploração de minerais no continente africano levaram à ativação de processos migratórios na Europa, em África e nas Américas. O processo de migração é um movimento territorial da população que tem um impacto direto em toda a vida económica e social e, por sua vez, está associado a problemas importantes na localização da população. O principal lugar na migração é ocupado pela migração laboral. A razão é que a importância dos factores económicos para a vida das pessoas em diferentes épocas era elevada. Como é sabido, a migração afecta a demografia tanto da região de onde a população migrou como da região de onde ela migrou. Na década de 1980, o papel da migração externa no crescimento da população era, em média, de 25% em países como os EUA, o Canadá, a França e a Austrália. Por outras palavras, os imigrantes foram responsáveis por um quarto do crescimento da população nos países acima referidos. Nas regiões para onde se dirige o fluxo migratório, o saldo migratório é positivo, ou seja, o número de imigrantes excede o número de emigrantes. Como resultado, a população nessas áreas diminui, o que, por sua vez, tem um efeito positivo no estado do casamento, no aumento do número de famílias e no processo de natalidade. Nas regiões onde a população se desloca, a percentagem de jovens na população total diminui, enquanto a percentagem da população com idade superior à idade ativa aumenta, o que tem um impacto negativo na situação demográfica da região. O fluxo de migrantes reflecte-se na composição da população jovem por sexo. Os recursos de mão de obra aumentarão. Consequentemente, surgirão vários problemas ou, pelo contrário, poderá haver uma diminuição dos recursos de mão de obra, o que também causará problemas.

Durante os últimos 35 anos do século XIX, um total de mais de 7075 mil pessoas imigraram para o Uzbequistão. A maioria dos imigrantes instalou-se nas cidades, incluindo Tashkent. No início do século XX, o número de imigrantes aumentou ainda mais. Para o desenvolvimento de Mirzachol, registou-se um forte fluxo migratório resultante da migração de famílias da Rússia em ligação com a criação de empresas industriais. A população das cidades de Chirchik, Almalyk, Angren, Ohangaron, Fergana e Bekobad, que são grandes centros industriais do país, cresceu em grande parte com base nas pessoas que se mudaram para cá.

De um modo geral, a contribuição da migração externa para o crescimento da população do Usbequistão foi diferente nos vários anos. Em 1990, o saldo migratório representava 10-12% do aumento total da população e, em média, uma em cada 10 pessoas que aumentaram de idade num ano foi devido à migração externa. Em 1989-1990, registou-se uma grande mudança no processo migratório. De acordo com os dados oficiais, 400 milhões de pessoas imigraram e o saldo negativo da migração é de 233,7 mil pessoas, incluindo com países estrangeiros - 34,1 mil pessoas. Após a independência, o processo de migração no Uzbequistão mudou completamente. A tendência para a emigração de pessoas de língua russa e de outras nacionalidades do Uzbequistão começou a aumentar. A determinação das relações de mercado como forma de desenvolvimento futuro do Uzbequistão, com a honra da independência, provocou alterações específicas no processo de migração da população. Anteriormente, as causas da migração da população eram de ordem económica, social, ambiental e política, mas, após 1991, a emergência destas razões foi mudando ao longo do tempo. Mesmo nos primeiros anos da independência, em resultado da rapidez deste processo, os indicadores de migração da população mantiveram-se a um nível elevado. Considerando que mais de 60% da população do país é constituída por jovens, o fator humano desempenha um papel importante na gestão dos processos migratórios. Entre 1991 e 1994, registou-se uma elevada taxa de migração em toda a república. Durante este período, registaram-se muitos imigrantes e emigrantes no Uzbequistão. Por exemplo, entre 1991 e 1994, cerca de 600 000 pessoas mudaram de residência no nosso país todos os anos. Neste caso, as nacionalidades russófonas deslocaram-se para as suas pátrias históricas, enquanto os uzbeques que viviam fora do Uzbequistão regressaram à sua terra natal. Do mesmo modo, os cazaques e os turcomanos que viviam na República do Caracalpaquistão deslocaram-se para os países vizinhos do Cazaquistão e do Turquemenistão, enquanto os uzbeques e os caracalpaques que viviam noutros locais regressaram à sua terra natal. Até 1993, o volume de migração, ou seja, o número total de imigrantes e emigrantes, era de cerca de 60-80 mil pessoas por ano no Caracalpaquistão e, nos anos seguintes, este número não ultrapassou as 50 mil pessoas. A entrada de população numa determinada área ou a saída de população teve impacto na dinâmica do crescimento populacional e no nível de emprego da população. A redução da migração da população no nosso país ocorreu devido às medidas tomadas para assegurar a estabilidade política desde o início, alcançar a estabilidade económica no período após 1995 e melhorar as condições ambientais. Durante este período, o saldo negativo da migração externa foi formado principalmente pela população dos países europeus. Em 1999, 356.800 russos, 32.200 ucranianos, 55.500 asiáticos, 22.600 alemães e 108.000 tártaros abandonaram os aglomerados urbanos do Uzbequistão. Em 2003, foram deslocadas 1,5 milhões de pessoas e 500 mil pessoas. As relações externas do Uzbequistão durante estes anos estiveram principalmente relacionadas com a Rússia, a Ucrânia e as repúblicas vizinhas da Ásia Central. A Rússia representou 50,9% do número total de participantes na migração, a Ucrânia 12,9%, o Cazaquistão 10,9% e as outras repúblicas da Ásia Central 13,2%. Os países estrangeiros fora da CEI representaram 8,4%. Dos indicadores do saldo negativo da migração estrangeira da população do Usbequistão, a Rússia representou 62,0%, a Ucrânia 20,4% e outros países estrangeiros 15,8%. A maioria dos migrantes externos são russos, tártaros, tártaros da Crimeia e judeus. Além disso, os turcos, os alemães e os gregos também deixaram o país. Os judeus foram para Israel e para os EUA, os alemães para a Alemanha, os gregos para a Grécia e os russos para a Rússia. Nos últimos anos, a emigração da população de língua russa no Usbequistão diminuiu drasticamente e há também casos de regresso (reemigração) daqueles que emigraram do nosso país.

Nesses anos, verifica-se uma diminuição dos movimentos migratórios internos no Usbequistão, sendo uma das principais razões a complexa transição para uma economia de mercado e as alterações socioeconómicas que estão a ser resolvidas durante o período de independência. O nível de emprego da população do Usbequistão foi também diretamente afetado pelos fluxos migratórios internos na República, uma vez que este tipo de migração adquiriu caraterísticas próprias no contexto da transição para uma economia de mercado. Devido à influência das reformas socioeconómicas nos anos da independência, as relações migratórias inter-repúblicas também diminuíram. Esta situação é típica dos movimentos migratórios inter-provinciais e intra-provinciais. O volume da migração interna da República diminuiu de 461 800 para 250 000 pessoas, e a migração intra-regional também diminuiu de 283 600 para 138 000, ou seja, 118 600 pessoas durante este período. Os movimentos e o volume total da migração interna na República diminuíram em todas as direcções principais (especialmente rural-urbana). Nestes anos, as viagens de trabalho de empresários locais para países estrangeiros aumentaram. Em particular, essas viagens para países estrangeiros com empresas comuns no Uzbequistão foram organizadas com maior frequência. Os jovens trabalhadores de grandes empresas comuns do Uzbequistão foram enviados para estudar e trabalhar na Coreia do Sul, Turquia e Alemanha, a fim de melhorarem as suas competências e adquirirem a especialização necessária. 9.500 pessoas partiram para a Coreia do Sul em 5 anos. Menos trabalhadores migrantes foram enviados para os EUA, Malásia e Emirados Árabes Unidos (EAU) para trabalho temporário. A maioria das pessoas enviadas pelo Ministério do Trabalho para trabalhar no estrangeiro eram uzbeques (82%) e coreanos (15%). Assim, o saldo negativo da migração é de 10 milhões de pessoas. Este saldo diminuiu gradualmente nos anos seguintes. Além disso, a migração de uzbeques, tajiques, quirguizes, cazaques e turcomanos da Ásia Central para as suas repúblicas independentes foi considerada uma das principais caraterísticas das relações migratórias inter-repúblicas. No período de 1996-2003, a migração afectou a dinâmica populacional da República do Usbequistão. A razão é que a maioria dos que vieram para o país e os que partiram estão ligados às cidades. O rápido crescimento da população das cidades do Uzbequistão deveu-se em grande parte a este fator. Em 2005, o saldo negativo da migração ascendeu a 107 000 pessoas. O saldo migratório é mais elevado nas regiões da República de Karakalpakstan, Navoi, Syrdarya e Jizzakh, bem como na cidade de Tashkent. Embora o volume de migração nas regiões de Andijan, Namangan e Khorezim tenha sido negativo, não teve um forte impacto nos indicadores globais de crescimento da população. A migração interna no Usbequistão também tem as suas próprias caraterísticas. Só no âmbito do desenvolvimento de Mirzachol é que uma parte da população se deslocou do vale de Fergana e de alguns distritos das regiões de Samarkand e Jizzakh. Nos últimos anos, registou-se uma diminuição dos movimentos migratórios internos no Uzbequistão. Uma das principais razões para tal é o processo de mudanças socioeconómicas complexas nas condições de transição para uma economia de mercado. O nível de emprego da população foi diretamente afetado pelos fluxos migratórios internos no país. Em 2012, o número de emigrantes de longa duração para países estrangeiros foi de 3.937. Entre os países do mundo, o Uzbequistão é um dos participantes mais activos no processo de migração. Enquanto o centro dos processos de migração interna no país continua a ser a cidade de Tashkent, os processos de migração externa envolvem principalmente países que participam ativamente nas relações económicas e sociais com o Uzbequistão e que correspondem à mentalidade e ao carácter nacional dos uzbeques. O primeiro lugar é ocupado pela Rússia, seguida do Cazaquistão, República da Coreia do Sul, países bálticos e em parte a Ucrânia, e no continente europeu, Turquia, Alemanha, Inglaterra e Grécia. No continente americano, nos EUA e no Canadá, é possível observar a participação de cidadãos uzbeques ou de cidadãos do Uzbequistão em processos de migração. De acordo com alguns dados estatísticos, a população do Uzbequistão participa ativamente nos processos de migração.

Resumo

O desenvolvimento da ciência da demografia começa na segunda metade do século XX. Inclui aspectos tão importantes como o nascimento, a morte, a esperança de vida, a composição por género e o nível de educação da população. Os processos demográficos nas cidades do Uzbequistão têm caraterísticas importantes. Durante a antiga União, foram criadas cidades obrigatórias, o que, por sua vez, criou várias situações negativas. Os principais auxiliares no estudo da demografia das cidades são os documentos de arquivo e os dados estatísticos.

No Uzbequistão, as cidades estão divididas em tipos de acordo com o número de habitantes. Algumas cidades das nossas regiões têm uma grande população, enquanto outras têm uma população mais pequena. O estudo da demografia das cidades é um dos temas mais importantes. A humanidade atravessou vários períodos históricos desde a sua origem até à atualidade. Em todas as épocas, os problemas relacionados com a população têm sido uma questão atual. O facto de a população ser, simultaneamente, a principal força produtiva e consumidora, confere-lhe uma importância decisiva no desenvolvimento da sociedade. As cidades, em particular, têm o seu próprio potencial na economia da nossa república. Os representantes de mais de 130 nacionalidades vivem nas cidades do Usbequistão e desempenham um papel importante na produção e no desenvolvimento cultural da República.

LISTA DAS REFERÊNCIAS UTILIZADAS.

1. Акрамов З. М., Раимов Т. И. Об экономико географическом изучении городов Узбекистана// Научные труды ТашГУ. Т., 1964. С.5 - 35.

2. Ахмедов Э.А. Ўзбекистон шаҳарлари. Т. 1991.

3. Ата-Мирзаев О.Б., Гентшке В., Муртазаева Р., Салиев А. Историко-демографические очерки урбанизации Узбекистана. - Т.: Университет. 2002. - 125 с.

4. Аҳмедов Э. А. Ўзбекистон шаҳарлари мустақиллик йилларида. - Т.: Абу Али Ибн Сино, 2002. - 224 б.

5. Ата-Мирзаев О.Б.Потенциал сельско-городский миграции молодежи в Ўзбекистане. - М.: 1999.

6. Ата-Мирзаев О.Б. Региональное прогнозирование расселения и управление процессом урбанизации. - Т.: Фан, 1979. - 124 с.

7. Асанов М. Аҳоли географияси. Т ., 1978.

8. Ата-Мирзаев О.Б.Narodonaselenie Uzbekistana: istoriya i sovremennost. Т. Ижтимоий фикр, 2009.

9. Ахмедов Э., Тешабоев М. Новқе города Узбекистана. - Т.: Узбекистан, 1984. - 167 с.

10. Бўриева М.Р. Демография асослари. Т., 2000.

11. Бўриева М.Р. Демография асослари. - Тошкент, 2001. - 117 б.

12. Бобожонова Н. Аҳолининг миллий таркибининг ўзгаришига миграция жараёнларининг таъсири. Ижтимоий фикр,инсон хуқуқлари. №165 .2014.

13. Баратов П., Соатов А. Умумий табиий география. - Т.: Ўқитувчи, 2002. - 222 б.

14. Баратов П., Маматқулов М., Рафиқов А. Ўрта Осиё табиий географияси. - Т.: Ўқитувчи, 2002. - 440 б.

15. Демографический энциклопедический словарь. М.;1985.

16. Джунайдуллаев Д.А. Ўзбекистон минтақаларида аҳоли миграция ва уни тартибга солишни такомиллаштириш. Т. 2012. - 24 б.

17. Зотов А., Раимов Т., Смирнов Н., Ёқубов Б. Ўзбекистон шаҳарлари. Т.: Ўзбекистон, 1965. - 282 б.

18. Зокиров С.С. Ўзбекистон Республикасида шаҳарсозлик сиёсатининг асосий йўналишлари // Халқаро илмий-амалий анжуман материалллари. - Т.: 2007. - Б. 106-110.

19. Караханов М.К. Население и населённые пункты районов предгорной и горной зоны Ташкентской области // Науч.тр. "НИОотдел географак", - Т., 1964. С . 35 - 60 с.

20. Иномов И. Ўзбекистоннинг янги шаҳарлари, Т,84-бет.

21. Копылов В.А. География населения. - М.: Маркетинг, 1999. - 124 с.

22. Лаппо Г.М. География городов. - М.: ВЛАДОС,1997. - 480 с.

23. Леггет Р. Города и геология. - М.: Мир, 1976. - 558 с.

24. Лаппо Г.М. География городов с основами градостроительства. - М.: Издательство Московского университета, 1969. - 184 с.

25. Мерлен П. Город: Пер. с фр. - М.: Прогресс, 1977. - 264 с.

26. Муллажонов И -Ўзбекистон аҳолиси 100 йил ичида. Т.,Фан, 1966,41б.

27. Мавлонов А.М. Чўл шароитида шаҳарларнинг шаклланиши ва ривожланиш муаммолари. (Бухоро вилояти мисолида). - География фан номзоди . дисс. Автореферати. Т., 2010.

28. Муҳаммаджонов А. Қадимги Тошкент. - Т.: Фан, 1988.

29. Муҳаммедов О. "Аҳолининг табиий ҳаракатининг ҳудудий тафовутлари". Автореферат.

30. Мусаев Р. Мусаев Ж. Ўзбекистоннинг иқтисодий ва ижтимоий географияси. - Т, 2006.

31. Мавлонов А. М. Бухоро вилояти шаҳарларининг классификацияси // Ўзбекистон География жамияти ахборати. - Т., 2005. 26-жилд, - б. 70-72.

32. Мягков В.И. Крупный город. - М.: Экономика, 1990. - 179 с.

33. Мавлонов А.М., Қодиров А.А. Бухоро вилояти кичик шаҳарларининг ривожланиши // Ҳозирги замон географияси: назария ва амалиёт. Халқаро илмий-амалий конфренция материаллари. - Т., 2006. - Б. 278-280.

34. Маергойз И.М. Географическое учение о городах. - М.: Наука, 1987.-236 .

35. Мухамеджанов А.Р., Адклов Ш.Т., Мирзахмедов Д.К., Семенов Г.Л. Городище Пайкенд: к проблеме изучения средневекого города Средней Азии. - Т.: Фан, 1988. - 193 с.

36. Муҳаммаджонов А.Р. Бухоро шаҳри 2500 ёшда. - Т.: Фан, 1998. - 54 б.

37. Муҳамедов О.Л. Аҳоли табиий ҳаракатининг худудий тафовутлари (Самарқанд вилояти мисолида). География. фанлари номзоди илмий даражасини олиш учун ёзилган диссертация авторефераты. - Т., 2007. - 27 б.

38. Набиев Э., Қаюмов А. Ўзбекистоннинг иқтисодий салоҳияти. - Т.,2003. - 91 б.

39. Назаров А. "Ижтимоий география". Т., Университет, 2000 й.

40. Озерова Г.Н., Покшишевский В.В. География мирового процесса урбанизации. - М.: Просвещение, 1981. - 180 с.

41. Пардаев Ғ.Р. Шаҳарларнинг иқлимий хусусиятларига кўра районлаштириш // Табиий ва иқтисодий географик районлаштиришнинг долзарб муаммолари. - Т.: 2004. - 38 б.

42. Перцик Е.Н. География городов (геоурбанистика). - М.: Вқсшая школа, 1991. - 318 с.

43. Салиев А.С. География городов республики Средней Азии. - Т.: Таш Г У, Часть 1. 1980. - 80 с., Часть 2. 1984. - 70 с.

44. Солиев А. Муҳаммадиев Р. Иқтисодий география асослари. - Т, 1995.

45. Солиев А. Назаров М. Ўзбекистон қишлоқлари. - Т. "Фан ва технология", 2009.

46. Салиев А.С. Проблемы расселения и урбанизации в республиках Средней Азии. - Т.: Фан, 1991. - 109 с.

47. Солиев А. Назаров М. Қурбонов Ш. Ўзбекистон ҳудудлари ижлимоий - иқтисодий ривожланиши. Т . "Мумтоз сўз". 2010.

48. Солиев А. Қишлоқ жойлар демографияси. - Т, 2005.

49. Солиев А.С. Ўзбекистон иқтисодий-ижтимоий география. Т.: 2014 й. Б-39

50. Солиев А., Таштаева С., Мавлонов А. Жаҳон урбанизацияси ва унинг Ўзбекистондаги хусусиятлари. ЎзГЖ Ахбороти. 26-ж. - Т.: ЎзМУ, 2005. - Б. 61 - 64.

51. Саушкин Ю.Г. Экономическая география: история, теория, методы, практика. - М.: Мысль, 1973. - 559 с.

52. Убайдуллаева Р.А., Ата - Мирзаев О.Б., Умарова Н. О. Ўзбекистон демографик жараёнлари ва аҳоли бандлиги. - Т.: Университет, 2006.-95 б.

53. Убайдуллаева Р., Ота-Мирзаев О., Умарова Н. -Ўзбекистон демографик жараёнлари ва аҳоли бандлиги. Т., 2006

54. Убайдуллаева Р.А. Демографическая ситуация Узбекистана и перспективц ее развития "Социально - демографические процессц в современном Узбекистане".Материалы Республиканской научно - практической конференции. Т.: 2009. - 23б.

55. Хорев Б.С. Проблемы городов: (урбанизация и единая система расселения). - М.: Мысль, 1975. - 428 с.

56. Эшов Б. Қадимги Ўрта Осиё шаҳарлари тарихи. - Т.: 2006. - 23 б.

57. Ўзбекистон Республикаси иқтисодий-ижтимоий тараққиётининг мустақиллик йилларидаги (1990-2010 йиллар) асосий тенденция ва кўрсаткичлари ҳамда 2011-2015 йилларига мўлжалланган прогнозлари: статистик тўплами. Т .: "Ўзбекистон" НМИУ, 2011.

58. Ўзбекистон аҳолиси ва меҳнат ресурслари, 58-бет.

59. Ўзбекистон Миллий энциклопедияси. 12-жилд. - Т.: 2006. - 707 б.

60. Ўзбекистон Миллий энциклопедияси. 2-жилд. - Т.: 2001. - 703 б.

61. Ўзбекистон Миллий энциклопедияси. 7-жилд. - Т.: 2004. - 703 б.

62. Ўзбекистон Республикаси Энциклопедия. - Т. "Ўзбекистон Республикаси Энциклопедия" давлат илмий нашриёти, 2006

63. Ўзбекистон Республикаси Давлат Статистика қўмитаси маълумотлари.

64. Қаюмов А.А., Якубов Ў. Аҳоли географияси демография асослари билан. Т., 2009.

65. Қаюмов А.А., Сафаров И., Тиллабоева Т. Жаҳон мамлакатлари иқтисодий-ижтимоий географияси. - Т.: Ўзбекистон, 2014.

66. Ғуломов С., Убайдуллаева Р., Ахмедов Э. Мустақил Ўзбекистон. - Т.: Меҳнат, 2001. - 246 б.

67. Ҳасанов И.А., Ғуломов П.Н. Ўзбекистон табиий географияси. - Т.: Ўқитувчи, 2007. - 162 б.

68. Ҳожибоев Н., Олимов М., Иноғомов М., Расулев Т. Шаҳар қурилиши ва ер ости сувлари. - Т.: Ўзбекистон, 1977. - 38 б.

69. Жамият.газета.уз.

70. Stat.uz

71. Demo.stat.com.

72. Disser.com

73. Интернет сайтлари.

Printed by Books on Demand GmbH, Norderstedt / Germany